Ihre Arbeitshilfen zum Download:

Die folgenden Arbeitshilfen stehen für Sie zum Download bereit:

Checklisten:
- Meetings

Tests:
- Quiz zum Arbeitsrecht
- Wie stilsicher ist Ihr Auftritt im In- und Ausland?
- Managementebenen – operativ, taktisch oder strategisch?

Den Link sowie Ihren Zugangscode finden Sie am Buchende.

Das erste Mal Führungskraft

Claus-Peter Müller-Thurau

Das erste Mal Führungskraft

Tipps eines Personalprofis

1. Auflage

Haufe Group
Freiburg · München · Stuttgart

Bibliografische Information der Deutschen Nationalbibliothek

Die Deutsche Nationalbibliothek verzeichnet diese Publikation in der Deutschen Nationalbibliografie; detaillierte bibliografische Daten sind im Internet über http://dnb.dnb.de abrufbar.

Print: ISBN 978-3-648-13279-1 Bestell-Nr. 10364-0001
ePub: ISBN 978-3-648-13280-7 Bestell-Nr. 10364-0100
ePDF: ISBN 978-3-648-13281-4 Bestell-Nr. 10364-0150

Claus-Peter Müller-Thurau
Das erste Mal Führungskraft
1. Auflage, Dezember 2019

www.haufe.de
info@haufe.de

Bildnachweis (Cover): shutterstock.com

Produktmanagement: Jasmin Jallad
Lektorat: Jutta Cram, Augsburg

Inhaltsverzeichnis

Einleitung

»Schöner scheitern« – wer diese Wörter googelt, erhält fast eine Million Einträge. Scheitern wird in den Medien heute als Massenerlebnis abgefeiert und gilt als cool. Das Prinzip »Trial and Error« zählt mittlerweile zu den wichtigen Erfolgsrezepten und wird zunehmend von Unternehmen im Rahmen des Employer Branding als Fehlerkultur ins Schaufester gestellt: Kommt zu uns, denn bei uns dürft ihr Mist bauen!

Aber so ist das nicht. Im wirklich wahren Leben hat man als neue Führungsnachwuchskraft die berufliche Zukunft manchmal schnell wieder hinter sich. Wer den ersten Schritt in die Personalverantwortung verstolpert und in die Reihe zurücktreten muss, gilt in der innerbetrieblichen Öffentlichkeit als verbrannt. Häme und Schadenfreude gibt es noch dazu, wenn man aus der Mannschaft aufgestiegen ist. Ein zweiter Anlauf als Führungskraft in einer anderen Firma ist in der Regel auch schwierig, weil das im Lebenslauf dokumentierte Scheitern keineswegs den Marktwert erhöht.

Versorgen Sie sich deshalb zum Start in Ihren ersten Führungsjob mit Führungswissen und Best Practices als Voraussetzungen für ein gutes Gelingen. Lernen Sie von jenen, die bereits einen erfolgreichen beruflichen Weg als Führungskraft gegangen sind.

Noch eine Anmerkung: Es gibt keine typisch weibliche oder typisch männliche Führung, sondern nur gute oder schlechte Mitarbeiterführung. Deshalb wird aus Gründen der leichteren Lesbarkeit auf eine geschlechterspezifische Differenzierung verzichtet.

Herbst 2019

Claus Peter Müller-Thurau

1 Wozu Führungskräfte gebraucht werden

Inoffiziellen, dafür aber glaubwürdigen Befragungen zufolge befindet sich die ideale Führungskraft häufig auf Dienstreise. Das klingt ganz logisch, denn für die Zeit der Abwesenheit müssen Aufgaben delegiert und damit den Mitarbeitern ernsthaft Verantwortung übertragen werden. Dies gilt besonders für jene Vorgesetzte, die beharrlich das Abschieben von lästigen Aufgaben mit Delegation verwechseln.

Nun kann eine Führungskraft freilich schon aus Kostengründen nicht unentwegt verreisen, damit der Laden läuft. Was also macht die Anwesenheit von Vorgesetzten für den Betrieb und die Mitarbeiter wertvoll? Leider ist die Fachliteratur zu dieser Frage mittlerweile recht unübersichtlich geworden und außerdem darf angenommen werden, dass die Subordinierten seltener zu jenen Büchern greifen, in denen das zeitgemäße Rollenverständnis von Führungskräften erörtert wird. Die Mitarbeiter erzählen sich darüber lieber Geschichten und die sind, wenn schon nicht wahr, so jedenfalls gut erfunden. Etwa diese hier:

Die Firma Watermann verabredete mit ihrem chinesischen Konkurrenten, dass jedes Jahr abwechselnd auf dem Rhein und dem Jangtsekiang ein Wettrudern ausgetragen werden sollte. Beide Mannschaften trainierten hart und waren am Tag des Wettkampfes in Topform. Die Chinesen gewannen – und zwar mit einem Kilometer Vorsprung!

Das Management der deutschen Firma unternahm alles, um die Ursache für das Desaster herauszufinden. Die Untersuchungen ergaben: Bei den Chinesen ruderten acht Mann und ein Mann steuerte und bei Watermann ruderte ein Mann und acht Mann steuerten. Ein angeheuerter Unternehmensberater brachte es auf den Punkt: »Die Ruderkraft ist zu gering!«

Nun galt es, Konsequenzen zu ziehen: Die Teamstruktur wurde bei den Deutschen dahin gehend geändert, dass es ab sofort nur noch vier Steuerleute als Aufsicht gab. Drei Obersteuerleute wurden mit konzeptionellen Aufgaben betraut und ein Steuerdirektor wurde als Projektleiter berufen. Man definierte Zielvorgaben und materielle und immaterielle Anreizsysteme und führte eine Leistungsbeurteilung ein, um den Mann, der das Boot rudern sollte, mehr anzuspornen. Zugleich wurde ihm die Gesamtverantwortung für die Geschwindigkeit des Watermann-Achters übertragen. Dann ging es voller Siegeszuversicht in das nächste Rennen. Die Chinesen gewannen wieder – dieses Mal sogar mit zwei Kilometern Vorsprung! Das Watermann-Management zog nach gründlicher Beratung die Konsequenzen und entließ den Ruderer wegen schlechter Leistungen. Letzterer soll sich im Nachhinein dahin gehend geäußert haben, dass er aufgrund seiner Detailerfahrung als »Mitarbeiter vor Ort« einige Verbesserungsvorschläge hätte unterbreiten können, was aber unerwünscht gewesen sei. Der Steuerdirektor habe ihn mit der Bemerkung abgewiesen, er solle nur rudern, was das Zeug hielte.

Mit Witzen ist bekanntlich nicht zu spaßen. Manche Mitarbeiter erkennen in dieser satirisch überspitzten Geschichte ihren Betrieb wieder: So ist es – und es ist nicht gut so. Wie lautet der Befund von Karl E. Weick, einem der renommiertesten Organisationsforscher weltweit? »Organisation bezeichnet eine Gruppe von Leuten, die versuchen, den Vorgängen einen Sinn abzugewinnen, die um sie herum geschehen.« Wozu also braucht man Führungskräfte? Ihre Aufgabe besteht zuallererst darin, Mitarbeitern Sinn zu vermitteln. Und in diesem Punkt unterscheiden sich Führungskräfte von Managern.

!

Führungskraft oder Manager?

Nur klare Begriffe ermöglichen richtiges Denken – und das gilt auch für das eigene Rollenverständnis. Führung beinhaltet vorrangig Menschenführung und Management bezieht sich auf die Unternehmensführung. In der angelsächsischen Betriebswirtschaftslehre sind »Leader« Personen, die Mitarbeiter für sich und die zu erreichenden Unternehmensziele gewinnen können, während Manager eine Organisation verwalten. Deshalb sind gute Manager oft schlechte Führungskräfte. Managen kann jeder, da es sich überwiegend um formale Aufgaben handelt wie zum Beispiel die Belegschaft an die Erlössituation anzupassen oder Geschäftsmodelle zu verändern. Die Nähe von Management und Verwaltung zeigt sich insbesondere im Hochschulabschluss »Bachelor/Master of Business Administration«. Zweifellos ist eine effiziente »Business Administration« für die Zukunftsfähigkeit eines Unternehmens unverzichtbar, aber ohne eine inspirierende und motivierende Führungskraft ist alles nichts.

Warum stand die finnische Ikone Nokia am Abgrund? Die organisationalen Sargnägel waren innovationshemmende Strukturen, umständliche Informations- und Entscheidungsprozesse, Bürokratisierung, die Bestellung von 300 Vice Presidents und ein irres »Power Pointing«. Gemanagt – nicht geführt – wurde Nokia von einem Justitiar und Finanzmann, dem ganz offensichtlich jegliches Verständnis für die Bedeutung der Human Resources fehlte.

In diesem Sinne hat Audi offenbar seine Lektion gelernt. Nachdem die Premiummarke den Anschluss an die Konkurrenz von Mercedes und BMW verloren hatte, wurde 2019 eine neue Unternehmensstrategie entworfen. Das Ziel: Die Leitenden sollen weniger verwalten, sondern sich um ihre Mitarbeiter kümmern.

1.1 Warum Young Professionals Führung obsolet finden

»Obsolet« – dieser Begriff wurde unter dem amerikanischen Präsidenten Donald Trump zu einem Wieselwort: Ständig tauchte es auf, war aber begrifflich schwer zu fassen und führte zu Missverständnissen. Steht »obsolet« für »überflüssig«, »aus der Zeit gefallen« oder für »etwas, das durch Neues ersetzt werden muss«?

Nein – Führung ist nicht obsolet, sondern zeitlos und notwendig und muss keineswegs durch etwas Neues ersetzt werden. Ein Staat ohne Führung wird ebenso scheitern wie ein Unternehmen. Wo liegt dann das Problem? Nun – Führung hat etwas mit Macht zu tun und Macht ist eine Form der Willensdurchsetzung. Für Max Weber, dem Begründer der Soziologie, ist Macht »jede Chance, innerhalb einer sozialen Beziehung den eigenen Willen auch gegen Widerstreben durchzusetzen, gleichviel worauf diese Chance beruht«. Das klingt unanständig.

In diesem Sinne kann nämlich eine Führungskraft von ihrem Direktionsrecht bei der Erteilung von Weisungen Gebrauch machen bzw. ihrem Willen mit Sanktionsdrohungen wie Ermahnung, Abmahnung oder verhaltensbedingter Kündigung Nachdruck verleihen. Das alles kann im Führungsalltag recht unerquicklich sein, gehört aber dazu. Vorgesetzte, die nicht bereit sind, sich bei Bedarf unbeliebt zu machen, werden in der Personalverantwortung unglücklich sein und meist scheitern. Dabei kommt die Forderung, Grenzen zu setzen und damit einen Führungsanspruch zu formulieren, nicht nur von der Unternehmensleitung, sondern auch von den Mitarbeitern. »Weichei« heißt es kritisch in Mitarbeiterkreisen, wenn jemand als Führungskraft keine Ecken und Kanten zeigt und damit die Akzeptanz verspielt.

Kurzum: Wer als Führungskraft erfolgreich sein möchte, muss einen Führungsanspruch anmelden und durchsetzen. Und das gilt auch für »Future Work«, dessen innovative Rahmenbedingungen sich ja nicht von selbst entwickeln, sondern oft gegen Widerstände gestaltet und durchgesetzt werden müssen.

Für viele Young Professionals haben Macht und Machtmenschen grundsätzlich einen schlechten Ruf. Der Philosoph und Naturwissenschaftler Georg Christoph Lichtenberg (1742–1799) stellte einst fest: »Es sollte uns nachdenklich machen, daß im Deutschen einen anführen so viel heißt wie einen betrügen.« Das klingt subtil und in der Tat ist es vom »Führen« nicht weit zum »Verführen«, vom »Leiten« zum »Verleiten« und vom »Nachtrotten« zum »Vertrotteln«. Aber genau das ist ja die Herausforderung für Führungskräfte. Aber man muss es wollen und können. Was sagte einmal ein Malermeister mit 20 Angestellten? »Ich bin zum Menschenfeind geworden und deshalb arbeite ich jetzt wieder allein.«

1.2 Future Work und Hierarchie

Der Philosoph Friedrich Nietzsche war ein großer Menschenkenner. »Dem Lebendigen ging ich nach«, sagt sein Held Zarathustra, der sich durch Kämpfe und Widersprüche, durch das Leid und die Schwere des Lebens zu immer stärkerer Willensenergie steigert. Ihn lässt Nietzsche die folgende These aussprechen: »Dem wird befohlen, der sich nicht selber gehorchen kann.«

Wer als Vorgesetzter Vorgaben formuliert – naheliegenderweise meist in Form von Ansprüchen, Erwartungen oder Spielregeln –, muss sich an diesen messen lassen. Wer gesetzten Standards selbst nicht genügen kann, wird über kurz oder lang wieder die Treppe hinunter verfrachtet. Deshalb noch einmal Zarathustra: »Und dies ist, was ich hörte: daß Befehlen schwerer ist als Gehorchen. Und nicht nur, daß der Befehlende die Last aller Gehorchenden trägt und daß leicht ihn diese Last erdrückt.« Für Friedrich Nietzsche ist jedes Befehlen ein Wagnis.

Diese Thesen aus dem vorletzten Jahrhundert fegen Tonnen zeitgenössischer Managementliteratur hinweg. Begriffe wie »Befehlen« und »Gehorchen« sind für viele längst aus der Zeit gefallen und bereits vor 25 Jahren wurde die Auflösung hierarchischer Ordnungen im Unternehmen prognostiziert. Für Bernd Maciejewski beispielsweise, damals Personalleiter des Software-Unternehmens SAP AG in Walldorf, war die Sache längst entschieden. Auf einem vom Institute for International Research in Wiesbaden organisierten Kongress vertrat er die These: »In den Unternehmen der Zukunft gibt es keine Geheimnisse. Jeder Mitarbeiter darf alles wissen. Es wird keine Hierarchien mehr geben und niemand wird den gleichen Job länger als zwei Jahre ausüben.« Und bei der Gelegenheit, so der damalige Personalchef, wird die »Karriere« im klassischen Sinne abgeschafft.

Kongresse und Prognosen sind das eine, die Wirklichkeit ist meist etwas anderes. Heute hat SAP Hunderte von Führungskräften, die ein achtköpfiger Vorstand steuert. Es gibt also jede Menge Hierarchie im wertvollsten deutschen Unternehmen und der Prognostiker vom Ende der Hierarchien ist mittlerweile im Organigramm wieder ganz unten angekommen.

Wer die Übernahme von Personalverantwortung anstrebt, muss eine klare Einstellung zu seiner zukünftigen Rolle haben. Jede Halbherzigkeit wird als Schwäche ausgelegt und gegebenenfalls missbraucht. Und noch schlimmer: Ein diffuses Rollenverständnis des Vorgesetzten schwächt auch die Mitarbeiter. Wie antworten Bewerber nicht selten auf die Frage, warum sie ihr Unternehmen nach einem Jahr wieder verlassen wollen? »Ich kam mit meinem Vorgesetzten nicht klar. Ich habe nie verstanden, was er eigentlich von mir erwartete.«

Verhaltensforscher haben einstweilen viele Belege für den Automatismus der Hierarchieentstehung in Gemeinschaften abgeliefert. Sie haben gezeigt, dass das Bedürfnis nach Einstufung und damit nach Wertigkeit und Wertschätzung, nach Anerkennung und Status in allen Kulturen zu finden ist. Das Wort »Hierarchie« kommt aus dem Griechischen und bedeutet »heilige Ordnung«. Und ohne ein Mindestmaß dieser Ordnung ist ein menschliches Miteinander, Nebeneinander und konstruktives Gegeneinander undenkbar. Im Übrigen führen die zu Recht geforderten und meist gegen erhebliche Widerstände implementierten flachen Hierarchien zu einem deutlichen Machtzuwachs für die verbliebenen Führungskräfte. Wenn eine Führungsebene bei gleichbleibender Mitarbeiterzahl entfernt wird, werden den »Häuptlingen« mehr »Indianer« zugewiesen.

!

Das Rollenverständnis von Führungskräften

1. Die Führungskraft hat das Recht, klare Forderungen zu stellen, Vereinbarungen zu treffen und die Ergebnisse im Zweifelsfall zu kontrollieren.
2. Die Führungskraft hat das Recht, auf Einhaltung von Vereinbarungen und Verträgen zu bestehen sowie Leistungen auf der Grundlage definierter Ziele zu verlangen.
3. Die Führungskraft hat das Recht und die Pflicht, bei Nichteinhaltung von Absprachen die Konfrontation mit dem Mitarbeiter zu suchen und diesen zu kritisieren.
4. Die Führungskraft hat das Recht, Konsequenzen in die Wege zu leiten, wenn arbeitsvertragliche Verpflichtungen nicht eingelöst werden.
5. Die Führungskraft hat die Aufgabe nachzuforschen, warum die vereinbarte Leistung nicht erbracht wurde.
6. Die Führungskraft hat sich zu fragen, inwiefern Leistungs- und Verhaltensdefizite auf die eigene Person und das eigene Handeln als Vorgesetzter zurückzuführen sind.

Exakt diese oben angeführten Grundsätze legitimieren einen Führungsanspruch. Statt angesichts des Phänomens der inneren Kündigung, schwacher Leistungen und hoher Fehlzeiten nach neuen Konzepten und Tricks zu suchen, wäre es besser, zunächst das Einmaleins der Mitarbeiterführung im Alltag gekonnt anzuwenden. Das kostet allerdings Zeit und Kraft. Vor allem aber klingen solche Prinzipien eher kalt und lieblos.

Neulich wurde in den Medien über die Belastungen und Überlastungen von Politikern geklagt und gefragt, warum diese sich das antäten. Genau das muss man sich vorab auch fragen, bevor man eine Führungsaufgabe übernimmt. Aber offensichtlich werden nicht nur Masochisten Politiker und Führungskräfte, denn diese Aufgaben haben bei entsprechender Eignung durchaus ihren Reiz. Die Erklärung »irgendjemand muss es ja machen« ist nicht hinreichend.

Noch einmal zurück zum geforderten Rollenverständnis von Führungskräften. Vieles scheint ja dem »Zeitgeist« zuwiderzulaufen, der sich rückwärtsgewandt zuweilen immer noch an Karl Marx zu orientieren scheint: »(...) während in der kommunistischen Gesellschaft die Gesellschaft die allgemeine Produktion regelt und es mir eben dadurch möglich macht, heute dies, morgen jenes zu tun, morgens zu jagen, nachmittags zu fischen, abends Viehzucht zu treiben, nach dem Essen zu kritisieren, wie ich gerade Lust habe, ohne je Jäger, Fischer, Hirt oder Kritiker zu werden.«[1] Darauf beruhte auch das Erziehungskonzept der Achtundsechziger, die »Das Kapital« von Karl Marx wie die Bibelforscher lasen. »Mutti«, diese Frage wurde später den Kindern dieser Generation in den Mund gelegt, »müssen wir heute wieder spielen, was wir wollen?« Dieses Gesellschaftmodell ist in dem Sinne obsolet, als dass es an der Wirklichkeit gescheitert ist. Die lateinamerikanische Variante des Sozialismus in Venezuela hat dazu geführt, dass drei Millionen Menschen das Land verlassen haben.

Sicher – Hardline-Manager sind ein Auslaufmodell. Kulturwandel 4.0 ist das neue Mantra. Bei Daimler und Continental ist die Krawattenpflicht abgeschafft, bei Vodafone hat der Chef kein eigenes Büro mehr und bei Otto wird er geduzt. Der Chef als dein Freund und Helfer! Aufmerksame Mitarbeiter wissen, dass sie sich dann meist besonders warm anziehen müssen. Dennoch ist ein Kulturwandel insbesondere in der Old Economy für die Erhaltung der Zukunftsfähigkeit notwendig. Aber er darf nicht nur an den Äußerlichkeiten ansetzen und sich auf »Political Correctness« beziehen, bei der niemand beim Wort genommen werden kann.

Im Zweifelsfall schätzen Mitarbeiter jene Vorgesetzten, die sich ihre Ecken und Kanten nicht abschleifen lassen. An Ecken und Kanten kann man sich zwar reiben, aber man kann sich an ihnen auch festhalten. Wer in der Sache – vor allem wenn es unangenehm wird – unmissverständlich redet und handelt, ist kalkulierbar. An einem Menschen, der sich vor allem durch rhetorische Glattheit auszeichnet, kann man nur hilflos abrutschen. Wer den Schritt in die Personalverantwortung wagt, muss führen wollen und das auch sichtbar machen. Letzteres ist ein zeitloser Aspekt der Future Work. Man sieht die Führungskräfte nicht nur bei Meetings, sondern sie sind als »Shopfloor Manager« präsent und greifbar.

!

Shopfloor-Management

Der Begriff »Shopfloor« steht im Deutschen für »Werkstatt« oder »Fertigungshalle« und unter »Management« versteht man alle Leitungs- und Führungsaufgaben, die der unternehmerischen Leistungserstellung dienen. Shopfloor-Manager sitzen nicht im Büro, sondern sind ständig am Ort der Wertschöpfung unterwegs. Das Ziel des Shopfloor-Managements besteht nicht in der Kontrolle der Mitarbeiter, sondern in der Optimierung des Informationsflusses zwischen Mitarbeitern und Führungskräften.

In diesem Sinne versucht das Shopfloor-Management

- Transparenz zu schaffen (z. B. durch die Visualisierung von Ist- und Soll-Zuständen),
- die bessere Zusammenarbeit zwischen Führungskräften und Mitarbeitern zu organisieren und
- die Vorgehensweise bei auftretenden Problemen im operativen Prozess zu strukturieren.

1 Die deutsche Ideologie. Marx/Engels, MEW 3, S. 33, 1846/1932

Als Vorteile für das Unternehmen werden unter anderem genannt:

- kürzere Reaktionszeiten auf Soll-Ist-Abweichungen
- der optimale Einsatz von Ressourcen
- eine effiziente Planung und Kontrolle
- verbesserte Kommunikationsprozesse[2]

Was gestern galt, muss heute nicht mehr richtig sein, aber was heute lautstark verkündet wird, muss auch nicht stimmen. Ist das Shopfloor-Management ein bestimmendes Element der Future Work, nachdem bereits vor vielen Jahren das »Management by walking around« oder »Management by wandering« empfohlen wurde? Das ist wohl das Elend der aktuellen Führungskonzepte und Führungstrends: Altbekanntes wird neu gesagt. Meist ist es besser, sich an das glaubwürdige Original zu halten. Auf den vielen ideologischen Unfug, der zum Thema Führung propagiert wurde und wird, soll hier nicht eingegangen werden.

1.3 Die organisationalen Stellschrauben

Audis neuer Vorstandsvorsitzender Bram Schot hat im Februar 2019 beschlossen, jede zehnte Führungsposition zu streichen und damit eine ganze Führungsebene aus dem Unternehmensaufbau zu entfernen. Das ausgegebene Ziel lautet: Kostensenkung und mehr Dynamik in den Geschäftsprozessen.

Flache Hierarchien !

Seit Jahren fordern Mitarbeiter und Führungskräfte des mittleren Managements eine Verflachung der Hierarchien. Dadurch – so die Argumentation – würden die Informations- und Entscheidungswege kürzer und schneller. Flache Hierarchien laufen auf mehr Befugnisse, aber eben auch auf mehr Verantwortung aller Beteiligten hinaus. Und wenn man der nicht gerecht wird, ist man sowohl als Mitarbeiter als auch als Führungskraft weg vom Fenster. In flachen Hierarchien werden Minderleister schneller sichtbar. Oder anders: Wenn Audi jede zehnte Führungsposition streicht, kann man fragen, was diese Führungskräfte eigentlich gemacht haben, wenn man sie auf einmal nicht mehr braucht. Offenbar hat die Geschäftsleitung dies aufgrund der Leitungstiefe nicht gewusst.

Interessant ist hier eine Anmerkung von Jens Grundei, Professor für Corporate Governance & Organization an der Quadriga Hochschule Berlin, zur Reorganisation bei Audi: »Verringert sich die Leitungstiefe, so erhöhen sich unter sonst gleichen Bedingungen die Führungsspannen.« Und bei der Führungsspanne muss man als angehende oder neue Führungskraft wissen, was das bedeutet bzw. was da auf einem zukommt.

2 Weitere Informationen unter https://refa.de/service/refa-lexikon/shopfloor-management

In der Organisationsgestaltung gibt es drei relevante Stellschrauben, deren Funktion und Wirkmacht eine Führungskraft kennen sollte:

- **Leitungsspanne (horizontale Führungsspanne)**
  Damit ist die Anzahl der direkt untergeordneten Personen gemeint. Die Leitungsspanne 10 bedeutet also, dass man für zehn Mitarbeiter verantwortlich ist. Auf einen Häuptling kommen zehn Indianer.
- **Leitungstiefe (vertikale Führungsspanne)**
  Dieser Parameter der Organisationsgestaltung bezieht sich auf die Anzahl der Hierarchieebenen. Aus Sicht der Unternehmensleitung handelt es sich um die »vertikale Leitungsspanne«. In der Unternehmenswirklichkeit finden sich flache und steile Konfigurationen mit ihren Vor- und Nachteilen.

! **Achtung**

Bei konstanter Zahl der Mitarbeiter führt eine Verringerung der Leitungstiefe zu einer Erhöhung der Leitungsspanne. Die numerische Personalverantwortung steigt für die Führungskräfte und macht den Führungsprozess schwieriger. Es muss deshalb für jeden Unternehmensbereich ein optimales Verhältnis von Leitungsspanne und Leitungstiefe ermittelt werden. Will man eine mitarbeiterorientierte Führungskultur, in der die Vorgesetzten viel Zeit für ihre Mitarbeiter und die Führungsaufgaben haben, muss man die Leitungstiefe erhöhen und damit längere Informations- und Entscheidungswege in Kauf nehmen.

! **Beispiel**

Das folgende Schaubild zeigt, dass bei einer steilen Konfiguration (hohe Leitungstiefe) 1.024 Führungskräfte für 4.096 Mitarbeiter verantwortlich sind, während bei einer flachen Konfiguration nur 512 Führungskräfte für 4.096 Mitarbeiter die Personalverantwortung tragen. Das Tempo des Informationsflusses und die Informationsverluste top-down und bottom-up hängen also von der gewählten Konfiguration (Leitungstiefe) ab.

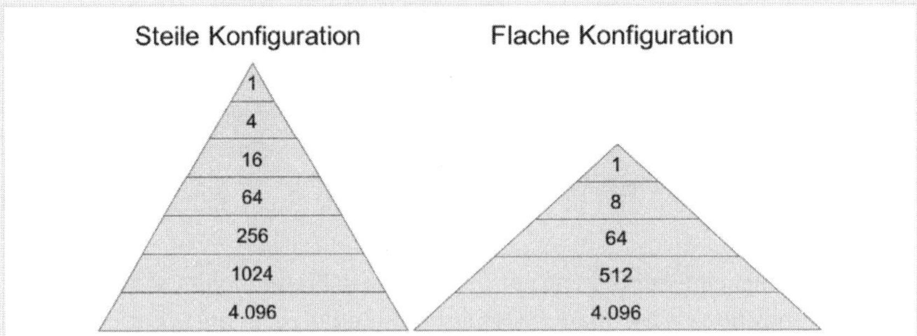

Leitungstiefe (vertikale Führungsspanne)

- **Leitungsintensität**
  Gemeint ist das mathematische Verhältnis von Leitungsstellen zu Ausführungsstellen. Wenn es in einem Unternehmen zehn Leitungsstellen und 30 Ausführungsstellen gibt, errechnet sich die Leitungsintensität wie folgt:
  10 : 30 = 0,33. Kommen auf zehn Leitungsstellen absurderweise zehn Ausführungsstellen, beträgt die Leitungsintensität 10 : 10 = 1. Jeder Häuptling hat nur einen Indianer in seiner Obhut. Die Leitungsintensität charakterisiert folglich nicht nur die äußere Form des Stellengefüges, sondern auch die Wirtschaftlichkeit und Zweckmäßigkeit des Leitungssystems.
  In diesem Sinne ermöglicht der Parameter »Leitungsintensität« organisations- und brancheninterne Vergleiche, die beispielsweise zu der Diagnose führen, dass man im Management eine »Lehmschicht« (zu viel Hierarchie und Bürokratie) angesetzt hat, die es abzutragen gelte. Der Begriff »Lehmschicht« bezieht sich insbesondere auf die mittlere Managementebene.

Zurück zur Anmerkung von Jens Grundei zur Reorganisation bei Audi: »Verringert sich die Leitungstiefe, so erhöhen sich unter sonst gleichen Bedingungen die Führungsspannen.« Der Wunsch nach flachen Hierarchien hat also seinen Preis. Eine gleichbleibende Führungsspanne ist nur durch einen Abbau der Belegschaft zu haben. Das muss man wissen, wenn man in den Chor jener einstimmt, die einen konsequenten Hierarchieabbau fordern.

2 Der Wechsel der Schreibtischseite

Wer die Schreibtischseite wechselt, darf nicht mehr der beste Sachbearbeiter sein wollen. Aber genau daran scheitern nicht wenige Führungsnachwuchskräfte. Da wird der überdurchschnittlich erfolgreiche Verkäufer zum Vertriebsleiter ernannt. Die Folge: Das Unternehmen verliert seinen besten Verkäufer und erhält eine schlechte Führungskraft. Der Grund liegt in einem Missverständnis hinsichtlich der neuen Rolle. Der frisch gekürte Vorgesetzte möchte manchmal weiter das tun, was er am besten kann – nämlich verkaufen –, und mischt sich deshalb ins Tagesgeschäft seiner Mitarbeiter ein. Ein Kunde hat eine Reklamation? »Die geht über meinen Tisch!« Der zuständige Außendienstmitarbeiter wird einen derartigen Eingriff in seinen Kompetenzbereich gar nicht gut finden, weil sein Standing beim Kunden dadurch beschädigt wird.

Abhängig von der Stufe, die man auf der Karrieretreppe erreicht, wird die Bedeutung des Fachwissens geringer und die des Führungswissens größer.

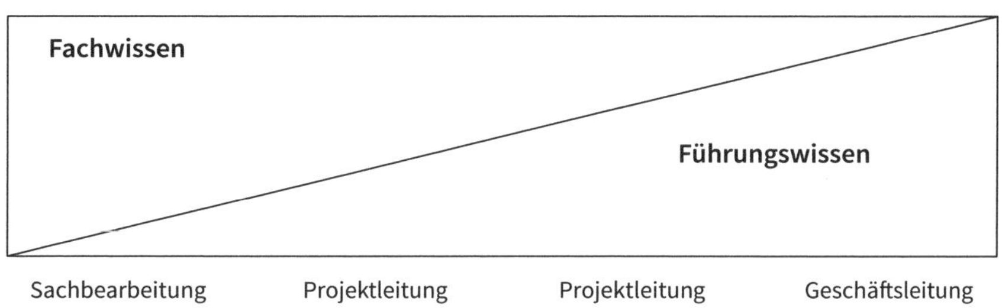

Fachwissen versus Führungswissen

Man muss als Führungskraft beispielsweise Konflikte bei der Implementierung einer neuen IT-Infrastruktur rechtzeitig wahrnehmen, richtig analysieren und zielführend regulieren, aber man muss nicht bis ins Detail wissen, wie die neue Software funktioniert. Die Softwareentwickler ihrerseits haben sich um die Funktionalitäten und die Usability der neuen Tools zu kümmern. Der Außendienstmitarbeiter garantiert den Unternehmenserfolg durch seine guten Produktkenntnisse und die Führungskraft beispielsweise durch die Schaffung materieller und immateriellen Anreize für die Verkaufsmannschaft. Führungskräfte sind bei ihrem Weg nach oben immer stärker fachübergreifend unterwegs. Andernfalls verlieren sie sich im Tagesgeschäft.

2.1 Vorgesetzte sind Abhängige

»Der Vorgesetzte ist ein Abhängiger«, meint der portugiesische Dichter Fernando Pessoa. Aufgrund der mangelhaften bzw. fehlenden Fachkenntnisse ist er auf interne oder externe Beratung angewiesen und gerät damit in Abhängigkeiten. Diese Problematik wurde der ehemaligen Bundesverteidigungsministerin Ursula von der Leyen zum Verhängnis. Der Bundesrechnungshof hatte festgestellt, dass ihr Ressort unter unklaren Bedingungen und Notwendigkeiten externe Beraterverträge in Höhe von über 150 Millionen Euro abgeschlossen hatte.

Grundsätzlich ist der Ratsuchende einem Informationsgefälle ausgesetzt. Ist der medizinische Eingriff notwendig oder nicht? Kann man der Empfehlung des Anlageberaters trauen? Stimmt die Statistik zu den Kundenreklamationen, die mir ein Sachbearbeiter zur Verfügung stellt? Kann man sich als Auftraggeber auf die Einschätzungen eines Marktforschungsinstituts hinsichtlich der Chancen eines neuen Produkts verlassen?

In der Verhaltensökonomik ist hier die Prinzipal-Agent-Theorie von besonderer Bedeutung, die sich mit der arbeitsteiligen Beziehung zwischen Auftraggeber (Prinzipal) und Auftragnehmer (Agent) befasst. Das größte Problem besteht – wie es die obigen Beispiele ja nahelegen – in der Informationsasymmetrie.

!

Die Prinzipal-Agent-Theorie

Wenn der Prinzipal (Auftraggeber) einem Agenten (Auftragnehmer) einen Auftrag erteilt, liegt der Hauptgrund in der fehlenden eigenen Expertise. Der Agent ist nun in der Pflicht, den Auftrag zu erledigen und Ergebnisse zu liefern. Dieses Verhältnis wird dadurch charakterisiert, dass der Agent mehr Informationen besitzt als der Prinzipal. Es herrscht also eine »Informationsasymmetrie«. Diese lässt sich wie folgt auffächern:

- **Hidden Characteristics**
  Mit »Hidden Characteristics« sind verborgene Eigenschaften eines Agenten (Auftragnehmers) gemeint, die beim Auftraggeber zu unangenehmen Überraschungen führen können. So kann der Agent beispielsweise seine Eigenschaften oder Qualifikationen verschleiern bzw. der Auftraggeber schätzt diese falsch ein. Wichtig ist hier grundsätzlich die Beschaffung von Informationen und Referenzen bezüglich der Leistungsfähigkeit und Eigenschaften des Agenten (Screening). Hochstapler haben Hochkonjunktur. Nach einem Bericht der »Rheinischen Post« wurde ein 25-Jähriger verurteilt, der sich u. a. als Pilot, Adliger, Arzt und Diplomatensohn mit Hoheitszeichen ausgab und damit durchkam. Und an einem Doktortitel ist nicht ohne Weiteres zu erkennen, ob es sich bei der Dissertation um ein Plagiat handelt.
- **Hidden Action**
  Da der Prinzipal nur die Resultate des Agenten sehen kann und nicht, was er die ganze Zeit gemacht hat, kann es zur Ausnutzung der Handlungsspielräume durch die Agenten kommen. Im Fall des oben erwähnten Verteidigungsministeriums hat sich zum Beispiel herausgestellt, dass pro Person Honorare in Höhe von 200.000 Euro für sieben Monate Arbeit ausgezahlt wurden. Was haben die in den sieben Monaten wirklich gemacht? Derartige Unklarheiten lassen sich durch Monitoring – also eine Überwachung des Agenten – zumindest ansatzweise verhindern.
- **Hidden Intention**
  Und dann gibt es noch das Problem der »Hidden Intention«: Der Prinzipal gerät durch vorausgegangene Entscheidungen in Abhängigkeit von seinem Agenten. Der Agent ist

aufgrund seines Spezialwissens und seiner internen Kenntnisse nicht leicht austauschbar und weiß dies zu nutzen. Ein Beispiel ist hier die Abhängigkeit von einem Lieferanten, weil man bestimmte Systeme oder Prozesse implementiert hat, die auf diesen abgestimmt sind. Die nächste Preiserhöhung wird nicht lange auf sich warten lassen.

Führungskräfte tragen goldene Fesseln. Wer Chef ist, darf loben und kritisieren, anweisen und kontrollieren – wer Chef ist, hat das Sagen. Aus der Froschperspektive gesehen ist der Vorgesetzte also jemand, der innerhalb seiner Zuständigkeit mit Macht über Menschen ausgestattet ist und diese im Sinne vorgegebener Ziele zu nutzen hat.

Es wird häufig übersehen, dass die Macht des Vorgesetzten davon abhängt, wie weit dieser sich selbst im Griff hat. Der amerikanische Sozialpsychologe G. C. Homans bringt diesen Umstand auf die folgende Formel: »Der Führer erlangt seinen Einfluß nur, indem er sich den Normen seiner Gruppe strenger unterwirft als jeder andere Angehörige der Gruppe. Er ist nicht die freieste, sondern die am wenigsten freie Persönlichkeit in seiner Gruppe.«

Was ein Mitarbeiter in gewisser Hinsicht darf, darf sein Vorgesetzter noch lange nicht. Verstößt er häufiger gegen diesen Grundsatz, wird er kaum mehr damit rechnen können, dass sein Führungsanspruch und seine Positionsmacht akzeptiert werden. Aus gutem Grunde haben deshalb Merkmale wie Selbstdisziplin und die Fähigkeit zur Selbstkritik ihren festen Platz im Katalog der wichtigsten Führungseigenschaften. Unstimmigkeiten zwischen Worten und Taten? Hier muss man als Vorgesetzter mit einer ungetrübten Sehschärfe seitens der Mitarbeiter rechnen.

2.2 Operative, taktische und strategische Führungsebenen

Führungskräfte scheitern nicht selten, weil sie auf der falschen Managementebene unterwegs sind. Viele lassen sich vom Tagesgeschäft, für das sie gar nicht zuständig sind, »auffressen« und vernachlässigen ihre taktischen und strategischen Aufgaben. Sie »machen Geschäfte«, kümmern sich aber nicht um die Frage, wie man langfristig »im Geschäft bleiben« kann.

Das hat beispielsweise Airbus mit seiner Strategie beabsichtigt, die Luftverkehre mit dem Bau des A 380 noch effizienter zu gestalten. Die Großraumflugzeuge mit einem Platzangebot für bis zu 850 Passagiere sollten nur noch Großflughäfen bedienen und damit Boeing Konkurrenz machen. Man übersah leider, wie effizient selbst kleinere Flugzeuge heutzutage durch die Welt fliegen. Beim Start tankt der A 380 bisweilen mehr Kerosin, als er selbst wiegt. Inzwischen hat das Management von Airbus seinen strategischen Fehler eingestanden und für 2021 das Produktionsende angekündigt.

Zwischen den operativen und den strategischen Handlungsfeldern liegt die taktische Ebene. Da macht beispielsweise die übermotivierte neue Führungskraft gegenüber den Mitarbeitern Ankündigungen und Versprechungen, die später aufgrund mangelnder Realisierungsmöglichkeiten wieder eingesammelt werden müssen. Taktischer Fehlstart!

!

Managementebenen

- **Operative Ziele/Handlungsfelder**
  Definitionsmerkmale: kurzfristig (weniger als ein Jahr, für die laufende Rechnungs- bzw. Berichtsperiode) und konkret, detailliert, das »Tagesgeschäft«, einen Teil des Betriebs/der Aktivitäten betreffend. Beispiel: einen Verkaufsprozess effizient abwickeln. Oder: Zuweisung von Aufgaben an Mitarbeiter.
- **Taktische Ziele/Handlungsfelder**
  Definitionsmerkmale: mittelfristig (Zeithorizont ein bis drei Jahre), weniger detailliert und zumeist für einen größeren Teil des Betriebs bzw. der Aktivitäten. Taktische Ziele sind meist Zwischenziele. Beispiel: einen Verkaufsprozess von der Angebotsgestaltung bis zu den After-Sales-Aktivitäten optimal gestalten. Oder: ein systematisches Talentmanagement implementieren.
- **Strategische Ziele/Handlungsfelder**
  Definitionsmerkmale: langfristig (Zeithorizont länger als drei Jahre) und grundsätzlich, z. B. wesentliche Produktbereiche, Aktivitäten des Betriebs oder den Betrieb als Ganzes und die erfolgskritischen Aspekte betreffend, dafür eher abstrakt, global, weniger konkret. Beispiel: »Wir wollen die Nr. 1 auf dem Gebiet des autonomen Fahrens werden.« Oder: ein Personalentwicklungskonzept zur Vorbereitung der Mitarbeiter auf die Anforderungen der Industrie 4.0 entwickeln.

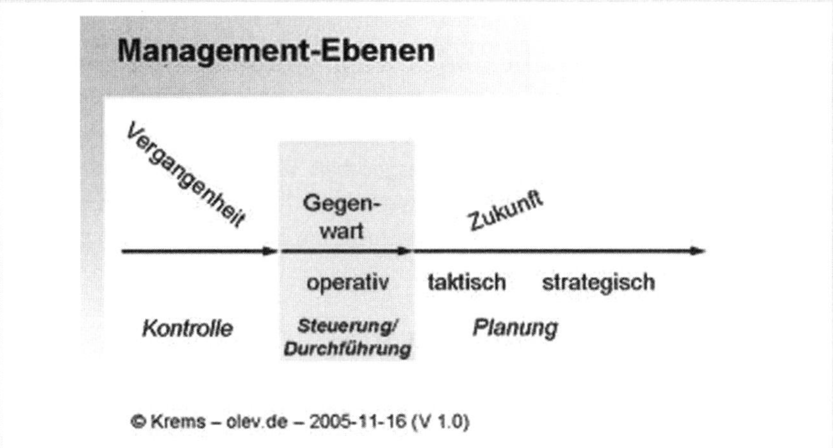

Managementebenen

Multitasking, das gleichzeitige Erledigen mehrerer Aufgaben, führt oft dazu, dass alles halb gemacht wird. »Priorisieren« heißt das eine Zauberwort und das andere nennt sich »Zeitmanagement«. Der Erfolg besteht zunächst darin, immer zu wissen, welches die originären Aufgaben sind, für die man verantwortlich ist. Das unterbindet das Eingreifen in fremde Delegationsbereiche und verhindert bei allen Beteiligten Frust.

Schärfen Sie Ihr Verständnis bezüglich der drei Managementebenen, indem Sie bei dem folgenden kleinen Test mitmachen. Die Items sind nicht immer trennscharf, aber tendenziell ist eine der vorgegebenen Alternativen zu bevorzugen.

ARBEITSHILFE ONLINE

Test: Managementebenen – operativ, taktisch oder strategisch? (Lösung am Ende)

1. Ein Assessment-Center durchführen.
a) ☐ operativ b) ☐ taktisch c) ☐ strategisch
2. Den Unternehmenswert (Shareholder Value) steigern.
a) ☐ operativ b) ☐ taktisch c) ☐ strategisch
3. Aufbau und Pflege des Unternehmens als Arbeitgebermarke.
a) ☐ operativ b) ☐ taktisch c) ☐ strategisch
4. Schließung von 200 Bankfilialen.
a) ☐ operativ b) ☐ taktisch c) ☐ strategisch
5. Gestaltung und Vereinbarung von Aufhebungsverträgen.
a) ☐ operativ b) ☐ taktisch c) ☐ strategisch
6. Nachhaltiges Wachstum im Geschäftsfeld »Multichannel-Einzelhandel«.
a) ☐ operativ b) ☐ taktisch c) ☐ strategisch
7. Hohe intrinsische Motivation der Mitarbeiter erzielen.
a) ☐ operativ b) ☐ taktisch c) ☐ strategisch
8. Die Position eines Service-Managers etablieren.
a) ☐ operativ b) ☐ taktisch c) ☐ strategisch
9. Einen Service-Manager suchen und einstellen.
a) ☐ operativ b) ☐ taktisch c) ☐ strategisch
10. »Wir werden nachhaltiger, digitaler und globaler.«
a) ☐ operativ b) ☐ taktisch c) ☐ strategisch

Lösung: 1a)/2c)/3c)/4b)/5a)/6c)/7b)/8b)/9a)/10c)

3 Was kein Organigramm verrät

Wer nicht weiß, worauf er als Neuling in der Personalverantwortung besonders zu achten hat, wird möglicherweise zum Nachteil seiner weiteren beruflichen Entwicklung manches übersehen, was er sehen müsste. Natürlich hat jeder in der Regel schon vor dem Start eine Vorstellung davon, wie sein zukünftiger Arbeitgeber organisiert ist. Aber das reicht nicht, um in der neuen Aufgabe Fuß zu fassen. Im Folgenden sind zunächst einmal beispielhaft die klassischen Organisationsmodelle skizziert.

Das Strukturprinzip der **funktionalen Organisation** sind Verrichtungen bzw. Funktionen:

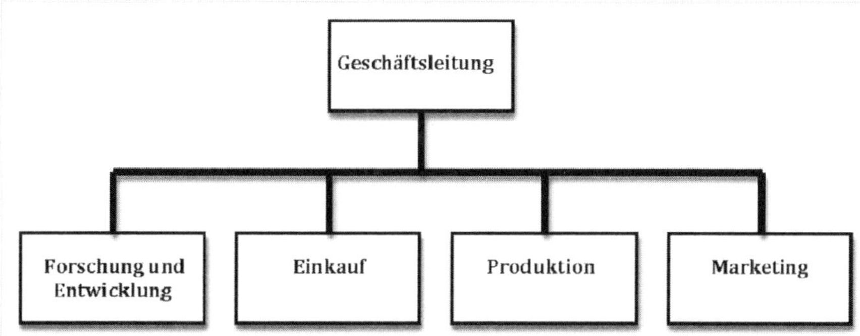

Die funktionale Organisation

Vorteile

- klare und Beginn Grafikverbindliche Aufgaben-, Kompetenz- und Verantwortungsbereiche (verrichtungsbezogen)
- Verhinderung von Redundanzen

Nachteile

- großer Koordinationsaufwand zwischen Abteilungen
- Ressortdenken
- unklare Ergebnisverantwortung

Diese Struktur ist für Klein- und Mittelbetriebe geeignet und typisch.

Die **divisionale Organisation** richtet sich nach den jeweiligen Divisionen bzw. Sparten (Spartenorganisation) aus.

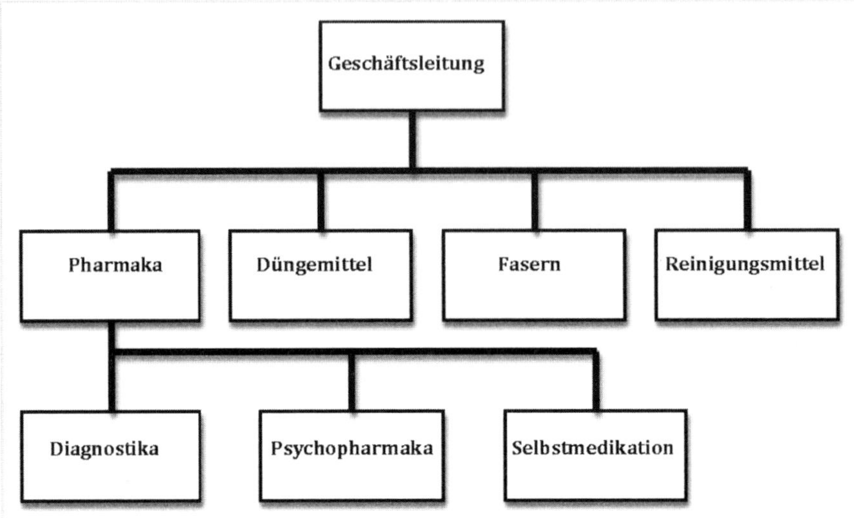

Die divisionale Organisation

Vorteile

- hohe Motivation durch größere Autonomie
- Marktnähe/Marktorientierung
- Transparenz der Geschäftsaktivitäten
- Entlastung der obersten Unternehmensleitung
- sehr anpassungsfähige Struktur

Nachteile

- Spartenegoismus
- höherer Koordinierungsaufwand
- Zielkonflikte zwischen Division und Unternehmung
- erhöhter Bedarf an Leitungsstellen

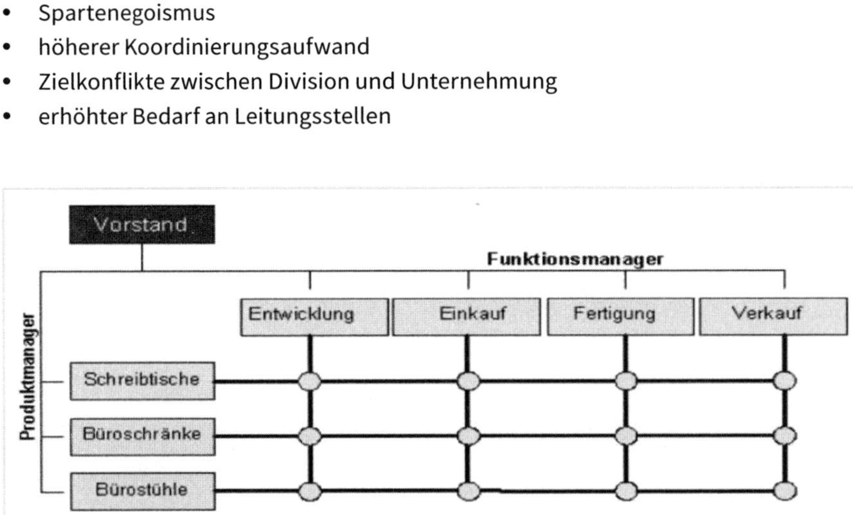

Die Matrixorganisation

Die im Folgenden skizzierte **Matrixorganisation** ist eine Zwei-Linien-Organisation, das heißt, Verrichtungen (Funktionen) und Sparten werden in einem System abgebildet. Auf der einen Linie befinden sich die Funktionsmanager und auf der anderen Seite die Produktmanager mit ihrer jeweiligen Spartenverantwortung.

Vorteile

- kürzere Kommunikationswege
- flexible Berücksichtigung von Veränderungen in den Märkten
- Problemlösung unter Berücksichtigung unterschiedlicher Standpunkte
- Sachkompetenz vor Hierarchie
- Förderung von Teamwork

Nachteile

- Kompetenzkonflikte
- Mitarbeiter als »Diener zweier Herren«
- unklar, wer wen mit Sanktionen belegen darf
- Zurechnungsprobleme von Erfolgen und Misserfolgen
- lang dauernde Entscheidungsfindung

Wenn man weiß, nach welchen Gestaltungsprinzipien sich ein Unternehmen aufgestellt hat, weiß man nicht viel über das Unternehmen, denn jedes Unternehmen lässt sich in einem Organigramm darstellen und alles könnte wunderbar funktionieren, wenn es nicht die »Nasen« in den Kästchen gäbe. Hinter der formellen Organisation verbirgt sich immer eine informelle Beziehungs- und Machtstruktur.

3.1 Hidden Organization

Das Ganze ist mehr als die Summe seiner Teile. Darauf wies bereits Aristoteles hin. Ein Wort ist mehr als die Summe seiner Buchstaben, eine Melodie mehr als die Summe seiner Noten und wenn man jemandem die Einzelteile einer Uhr mit der Frage »Wie spät ist es?« vorlegen würde, hielte er das für einen albernen Scherz.

Eine Organisation ist das Resultat des Zusammenwirkens von formellen und informellen Strukturmerkmalen und es sind die informellen (emergenten) Phänomene, die insbesondere neuen Führungskräften Probleme bereiten können. Die Schlüsselfragen lauten: Wer treibt es mit wem? Wer sind die Gesinnungsbrüder im Geiste? Wer hat schon im Vorfeld gegen den zu installierenden neuen Vorgesetzten Stimmung gemacht? Wer wird ab dem ersten Tag an dessen Stuhl sägen? Wer hat innerlich gekündigt und ist auf dem Sprung? Das ist nur eine kleine Geschmacksprobe.

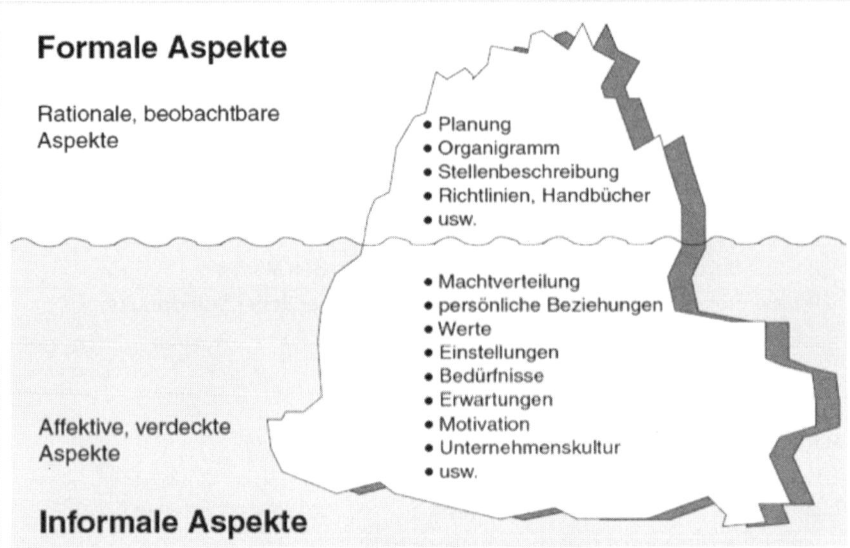

Das Eisbergmodell (nach Vahs, Dietmar: Organisation. Ein Lehr- und Managementbuch, Stuttgart 2012)

Wer neu in einen Betrieb kommt, findet Mitarbeiterinnen und Mitarbeiter vor, die eine mehr oder weniger intensive gemeinsame Geschichte haben. Diese gemeinsame Geschichte kann darin bestehen, dass man sich gegenseitig auf der Karriereleiter nach oben bugsiert oder aber behindert hat. Da wurden in der Vergangenheit Erfolge miteinander gefeiert, bisweilen auch einander missgönnt und so mancher schleppt einen Makel als Opportunist und Intrigant bis zum Ende seiner Tage im Betrieb mit sich herum. Alle wissen es, nur der neue Chef ist ahnungslos und setzt leichtfertig auf die falschen Leute.

Das alles ist aus der formellen Hierarchie und dem veröffentlichten Organisationsschema nicht ablesbar und deshalb weiß die neue Führungskraft zunächst einmal wenig über die tatsächlichen Verhältnisse von Macht und Ohnmacht im Unternehmen.

!

Die Proselytenmacher

Viele Religionsgemeinschaften betrieben oder betreiben »Proselytenmacherei«, auch »sheep stealing« genannt. Sie versuchen, Andersdenkende zu manipulieren und damit in das eigene »Lager« zu ziehen. Jeder hinzugewonnene Anhänger – und das gilt natürlich besonders für die Politik – stärkt die eigene Machtposition.
Typische Proselytenmacher sind in der Arbeitswelt die sogenannten Minimalisten, die von protestantischer Arbeitsethik wenig halten und nach der Devise »mit halber Kraft nur das Nötigste« verfahren. Sie propagieren eine freizeitorientierte Schonhaltung und hoffen, ihre Chancen, damit beim neuen Vorgesetzten durchzukommen, dadurch zu verbessern, indem sie ihre Anhängerschaft vermehren.

Zu den gefährlichen Proselytenmachern gehören jene, die bereits vor »Amtsantritt« des designierten Vorgesetzten die Diagnose stellen, dass der neue Chef ein Depp sei. Sie verbreiten wenig sachkundige Details über den bisherigen Werdegang und über Charaktereigenschaften des Neuen und suchen für ihre Ansichten Verbündete im Kollegenkreis. Wenn die neue Führungskraft dann startet, weiß sie gar nicht, dass vorab eine Verschwörung stattgefunden hat bzw. dass diese noch im Gange ist.
Zu erwähnen sind in diesem Zusammenhang auch die typischen Verlierer, die sich nach einem sozialpsychologischen Gesetz immer finden. Zu ihnen gehören jene, die eigentlich schon vor Jahren kündigen wollten, sich aber niemals dazu aufraffen konnten. Verstärkung erhält dieser Kreis meist noch durch Mitarbeiter, deren innerbetrieblicher Ruf als potenzielle Leistungsträger ruiniert ist. Die Mitglieder dieser Gruppe vereint die Überzeugung, dass sie den Marschallstab im Tornister hätten und der Arbeitgeber aufgrund seiner Inkompetenz dies nicht erkenne. Sie fühlen sich gekränkt und machen den Führungsprozess nicht gerade einfacher.

Gibt es eigentlich, so möchte man nun fragen, neben den bisher aufgezählten Gruppierungen und den bei dieser Gelegenheit noch zu erwähnenden Intriganten, Karrieristen, Opportunisten und Mobbern auch ganz normale Mitarbeiter? Es gibt sie, doch die muss jeder Neuankömmling im Führungsgeschäft erst einmal identifizieren. Tatsache ist wohl, dass kein Angestellter vor Betreten seines Büros seine privaten Hoffnungen, Sehnsüchte, Ängste, Befürchtungen und Charaktereigenschaften beim Pförtner abgibt, um sich dann als Personalnummer auf zwei Beinen an die Arbeit zu machen. Wie gesagt: Wer nur das Organigramm eines Unternehmens kennt, kennt das Unternehmen nicht.

3.2 Die ersten 100 Tage als Führungskraft

Wer den Zuschlag für einen Job als Führungskraft erhalten hat, hat die erste psychodiagnostische Bewährungsprobe bestanden und gerät beim Start vom ersten Tag an sofort wieder auf den Prüfstand. Hier soll kein negatives Menschenbild gezeichnet werden, aber die folgende Kernaussage des Schweizer Anthropologen Adolf Portmann ist bedenkenswert: »Das Leben zehrt vom Leben.« In diesem Sinne kommt manchmal der unschöne Tag, an dem aus einem gutmütigen Vorgesetzten ein Mensch wird, der am Nasenring herumgeführt wird. Wo anderen Macht zuwächst, ist immer mindestens einer da, der dies zulässt. In der betrieblichen Wirklichkeit nennt man das »Führungsschwäche«. Wer gleich zu Beginn an Terrain verliert, gewinnt es nur unter großen Anstrengungen wieder zurück – wenn überhaupt. Wehret den Anfängen! Diese Warnung des römischen Dichters Ovid sollten neue Führungskräfte besonders ernst nehmen. Es schleichen sich aufseiten der Mitarbeiter schnell Ansprüche und Gewohnheiten ein, die den Führungserfolg gefährden.

!

Das Gewohnheitsrecht

»Der Begriff ›Gewohnheitsrecht‹ beschreibt ein ungeschriebenes Recht, das aufgrund langer, gleichmäßiger, stetiger Übung und durch allgemeine Anerkennung in seiner Verbindlichkeit entstanden ist.«[3]

Wenn man als Vorgesetzter Versäumnisse und Fehlverhalten durch Wegschauen duldet, weil man die offene Konfrontation scheut, kann es irgendwann zu spät sein, dysfunktionale Verhaltensmuster zu korrigieren. Die folgende Abbildung zeigt, dass das Gewohnheitsrecht in der Rechtshierarchie sehr weit oben steht.

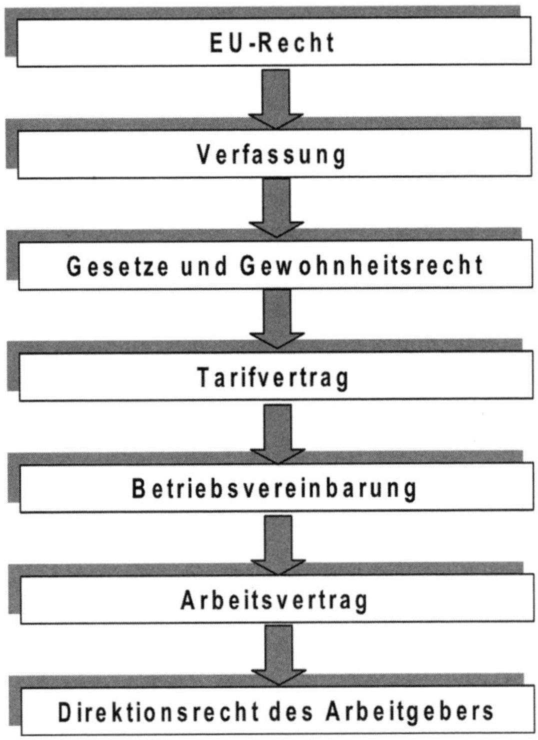

Rechtshierarchie im Arbeitsrecht

Ein Mitarbeiter, der es über längere Zeit gewohnt ist, die Kernarbeitszeit zu seinen Gunsten großzügig auszulegen, wird nicht schlecht staunen, wenn der Vorgesetzte auf einmal Pünktlichkeit einfordert und ihn ermahnt.

Es gibt noch andere Stellen auf dem vereisten See, an denen man einbrechen kann. »Wenn du geschwiegen hättest, wärst du ein Philosoph geblieben.« 1500 Jahre ist jener berühmte Satz des Römers Boëthius einstweilen alt, aber an Aktualität hat er nicht eingebüßt. »Hät-

3 Quelle: https://www.juraforum.de/lexikon/gewohnheitsrecht

test du doch bloß deinen Mund gehalten ...« – so manche neue Führungskraft, die sich aus Ahnungslosigkeit in einem Meeting zu weit aus dem Fenster gehängt hat, möchte den verpatzten Auftritt vor versammelter Runde nur zu gern wieder rückgängig machen.

Eckart van Hooven, Ex-Vorstand der Deutschen Bank, weiß, wovon er spricht: »Wer (als Neuer, Verf.) im Vollbesitz seiner geistigen Überzeugung in die Runde platzt, um seine Idee mitzuteilen, über die er lange nachgedacht hat, wird natürlich erleben, dass die Kollegen, die gar nicht darüber nachgedacht haben, ihm gründlich klarmachen, warum er danebenliegt. Das ist kein böser Wille, das ist ein Erziehungsvorgang. Denn wer sich schnell durchsetzen will, verliert womöglich das Gremium-Gefühl.« Van Hooven weiter: »Leute, die alles besser wissen, mag man nicht so gern, schon gar nicht, wenn es sich um Neulinge handelt.«

Deshalb lautet das wichtigste Wort der deutschen Sprache für eine neue Führungskraft »Warum«. Warum wird im Unternehmen etwas so und nicht anders gemacht? Warum sind meine Mitarbeiter eher zurückhaltend und trauen sich nicht, ihre Meinung zu sagen? Warum dauern Meetings so lange? Warum klagen alle über die E-Mail-Flut? Warum gab es unter meinen neuen Mitarbeitern in der Vergangenheit einen hohen Krankenstand? »Wer fragt, führt« – dieser Grundsatz gilt auch heute noch.

Vom (un-)angemessenen Reden zum (un-)angebrachten Handeln. Thomas Homann, ehemaliger Personalmanager in einem Weltkonzern, erinnert sich in einem Gespräch mit dem Autor an die ersten Wochen in seiner neuen Funktion: »... und dann standen da die alten Möbel in meinem neuen Büro als Personalchef und die Leute haben sich gefragt ›Wann holt er sich neue Möbel?‹ – das war das wichtigste Thema überhaupt. Und dann habe ich mir gesagt, einen Scheiß werde ich tun. Personal abbauen und das eigene Büro aufmotzen? Da muss man ja eine Hornhaut auf der Seele haben.«

Damit ist nichts dagegen gesagt, dass Vorgesetzte ein angemessenes und von Fall zu Fall repräsentatives Büro und je nach Rang auch einen komfortablen Dienstwagen haben dürfen – andererseits ist den Mitarbeitern nicht zu verübeln, dass sie herauszufinden versuchen, wo der neue Mann oder die neue Frau die Prioritäten setzt. Wer Statussymbolen und damit den Insignien der Macht den Vorrang einräumt, macht sich das Leben als Führungskraft unnütz schwer. Teppichboden, Größe des Schreibtischs, Anzahl der Fenster im Büro – das alles ist mittlerweile allemal obsolet geworden. So werden zunehmend Multi-Space-Office-Konzepte umgesetzt, die nicht nur für die Mitarbeiter gelten. »Es wird keine eigenen Räume für den Vorstand geben«, so Marc Opelt, Vorsitzender des Bereichsvorstands der Otto-Group. Die Führungsriege muss sich also wie alle anderen Mitarbeiter ein Plätzchen suchen.

In diesem Sinne besteht Future Work auch darin, überholte Statussymbole einzusammeln. Man sollte sich deshalb als neue Führungskraft davor hüten, welche vorzuzeigen.

3.3 Profi-Interview: »Ein Unternehmen ist ein hoch politisches Gebilde«

Hier ein Interview mit Thomas Homann, Schifffahrtskaufmann, Personalreferent, Personalleiter und Geschäftsführer eines mittelständischen Dienstleistungsunternehmens.

M-T: Herr Homann – wenn man Ihren beruflichen Werdegang betrachtet – jeder Schritt ein Schritt nach oben und kein einziger Flop. Schwein gehabt?

Thomas Homann: Ja, ich denke, ich habe in der Tat auch eine Menge Glück gehabt – ohne Frage. Aber natürlich gehört auch eine Portion Energie dazu, dies alles zu bewältigen und seinen Weg zu gehen. Und es gehört ein Mentor dazu. Ich hatte beispielsweise einen in der beruflichen Anfangsphase, der mich sehr unterstützt hat, der mir auch viel beigebracht und mir die Chance gegeben hat, gewisse Dinge zu lernen.

M-T: So einen Mentor muss man aber erst einmal finden und dann auch noch bei Laune halten.

Thomas Homann: Zwischen meinem Chef und mir passte die Chemie von Anfang an. Und dann ergaben sich nach und nach Chancen, mein Können zu zeigen – und die habe ich konsequent genutzt. Seinen Mentor hält man bei Laune, wenn er Ergebnisse sieht. Schließlich investiert er ja auch Zeit und Energie.

M-T: Sie wurden danach zum Leiter der Personalabteilung befördert.

Thomas Homann: Ja, ich war seinerzeit Personalreferent und bin dann zum Leiter der Personalabteilung ernannt worden, also jener Abteilung, in der ich im Grunde Sachbearbeiter war. In der Anfangsphase gab es natürlich ein paar Probleme. Ich war der Benjamin in dem Bereich und hatte mit sehr viel älteren Kollegen zu tun, die plötzlich meine Mitarbeiter waren. Und die Abteilungsleiter der anderen Bereiche waren auf einmal Kollegen von mir – die meisten von ihnen waren übrigens auch deutlich älter als ich. Da brauchte man viel Geschick und Einfühlungsvermögen. Ich habe noch sehr gut in Erinnerung, wie mich als Erstes der Betriebsrat angegriffen hat, als ich Leiter der Personalabteilung wurde – um seine Duftmarken abzusetzen und zu versuchen, den jungen Personalabteilungsleiter gefügig zu machen.

M-T: Wollte Ihnen der Betriebsrat zeigen, wo der Hammer hängt?

Thomas Homann: Das war natürlich ein Test. Ich kann mich noch an die ersten Gespräche und Sitzungen erinnern. Zunächst habe ich mich zurückgehalten und wenn ich dann nach und nach die Initiative ergriffen habe, sind sie wie die Wilden auf mich eingestürzt – alles Blödsinn und so weiter. Dabei haben sie ständig Bezug genommen auf meine Tätigkeit als Personalreferent – und dort habe ich natürlich auch Fehler gemacht und die hat der Betriebsrat nicht vergessen.

M-T: Dennoch sind Sie im selben Unternehmen Personalleiter geworden und haben einige Jahre später den nächsten Schritt gewagt und wurden in einem anderen Unternehmen Bereichsleiter Personal. Wie war der Start?

Thomas Homann: Ich bin mit dem Bewusstsein gewechselt, Erfolg gehabt zu haben. Am Montagmorgen ging es dann los – ich komm da rein, hab noch den ganzen Schub aus meinem früheren Job und fühlte mich plötzlich als ein Nichts. Mir wurde nämlich schnell klar, dass meine neuen Mitarbeiter sich für meine Schulterstücke herzlich wenig interessierten, sondern stattdessen alles hinterfragten und querdiskutierten. Das kannte ich aus meinem früheren Unternehmen nicht. Ich musste mir also meine persönliche Autorität wieder von vorne erarbeiten, und daran hatte ich überhaupt nicht gedacht. Wer nicht versucht, das neue Gefüge, in das man ja über Nacht hineingeraten ist, zu verstehen, kann sehr schnell Schiffbruch erleiden.

M-T: Woran scheitern eigentlich viele Auf- und Umsteiger ganz konkret?

Thomas Homann: An der fehlenden Flexibilität, sich auf neue Menschen und Situationen einzustellen. Sie bewegen sich weiterhin auf ihren eingefahrenen Gleisen. Ein weiteres Problem besteht darin, dass es in der Regel in der vorgefundenen Struktur auch Unzufriedenheit und folglich Unzufriedene gibt, die auf den Neuen einiges abzuladen versuchen. Mehr noch – man versucht, ihn zu benutzen, für eigene Ziele einzuspannen. Und wenn man da nicht aufpasst, ist man blitzschnell wieder raus aus dem Geschäft. Viele engagieren sich da zu früh für die falsche Sache, weil sie das System mit seinen widersprüchlichen Interessenlagen und Empfindlichkeiten noch gar nicht verstanden haben.

M-T: Das Risiko besteht also darin, dass man aus Ahnungslosigkeit im falschen Lager landet?

Thomas Homann: Der Neue steht natürlich unter einem gewissen Druck, er möchte bald Erfolg haben, er möchte seine Position ausbauen und das weiß natürlich auch sein Gegenüber. Und da wird gelockt und wenn man nicht aufpasst, landet man auf dem falschen Dampfer. Deshalb kann man jedem Neuen nur empfehlen, zunächst so viel wie möglich mit Augen und Ohren zu stehlen.

M-T: Stehlen?

Thomas Homann: Ja, beobachten und aufnehmen, was immer den Sinnen zugänglich ist. Und das heißt, sich erst mal zurückzuhalten und den meist selbst auferlegten Erfolgsdruck abschütteln.

M-T: Welche Fehler verzeiht man Ein-, Um- und Aufsteigern am wenigsten?

Thomas Homann: Alle Fehler, die sie ein zweites Mal begehen.

M-T: Warum brechen sich Hochschulabsolventen beruflich den Hals?

Thomas Homann: Sie verstehen häufig nicht, wie das System funktioniert, welche informellen Strukturen bestehen, welche politischen Dinge existieren. Was verfolgt eigentlich Herr X und worauf ist Frau Y aus? Hochschulabsolventen sind oft der irrigen Meinung, dass ein Unternehmen ein völlig sachlich funktionierendes Gebilde sei. Ein Unternehmen ist aber ein hoch politisches Gebilde.

M-T: Was halten Sie von der Macht der Korridore, also der Annahme, dass die wesentlichen Dinge auf den Fluren einer Firma ablaufen?

Thomas Homann: Kann ich nur unterstreichen, stimmt. Man denke nur an den Begriff des sogenannten Flurfunks, der in vielen Unternehmen verwendet wird.

M-T: Es gibt Leute, die den Grundsatz vertreten: »Da mache ich nicht mit!«

Thomas Homann: Letztendlich kann man sich diesen Dingen – also diesen gruppendynamischen Prozessen – nicht entziehen. Wer dies versucht, geht ein erhebliches Risiko ein, weil er ausgegrenzt und möglicherweise gar als »fünfte Kolonne« betrachtet wird. Mit ziemlicher Sicherheit werden an ihm wichtige Informationen vorbeilaufen.

M-T: Aber die Firma bezahlt einen für die geleistete Arbeit und für nichts anderes.

Thomas Homann: Jemand, der ausschließlich seine fachliche Aufgabe wahrnimmt, kommt nicht weiter. Und viele scheitern genau aufgrund dieser gewiss ehrenwerten Haltung.

M-T: Vielen Dank für das Gespräch.

4 Die VUCA-Welt: als Führungskraft die Zukunft vorausdenken

Wenn man das Akronym »VUCA« googelt, erhält man zwei Millionen Einträge. VUCA ist offenbar aktuell, überall und insbesondere für Führungskräfte relevant. Was also ist mit der »VUCA-Welt« gemeint? Gemeint ist damit, dass noch nie so viel Unsicherheit war wie heute und dass trotzdem entschieden und gehandelt werden muss.

Die VUCA-Welt !

V = Volatility
Der Wind weht, wann und wo er will – er ist volatil. Auch die Aktienmärkte sind volatil, also unbeständig. Das gilt auch für Geschäftsverläufe, Kundenbedürfnisse und das Verhalten von Mitarbeitern und Vorgesetzten. Das war schon immer so und man muss als Führungskraft entsprechend gewappnet sein. »Alles fließt« stellte schon Heraklit um 500 v. Chr. fest – und wenn ein Unternehmen nicht den Bach runtergehen will, muss es dieses Merkmal der VUCA-Welt ernst nehmen. Das gilt insbesondere für Führungskräfte, die unter solchen Bedingungen entscheiden und handeln müssen.

U = Uncertainty
Wenn nichts beständiger ist als der Wandel, entsteht Unsicherheit. Welches Geschäftsmodell ist zukunftsfähig? Elektromobilität oder Autos mit Wasserstofftechnologie? Vernichtet die konsequente Digitalisierung Arbeitsplätze oder schafft sie neue? Wie positioniert man sich als Führungskraft bei dieser Frage? Welche Qualifikationen brauchen Mitarbeiter bzw. Unternehmen, um zukunftsfähig zu bleiben? Wer als Führungskraft nicht nur verwalten, sondern auch gestalten möchte, muss sich hier trotz einer gegebenen Irrtumswahrscheinlichkeit positionieren.

C = Complexity
»Kompetenz und Haftung gehören zusammen« lautete die Mahnung von Hermann-Josef Abs, dem legendären früheren Vorstandssprecher der Deutschen Bank. In komplexen Systemen wird die klare Zuordnung von Verantwortung aber immer schwieriger. Ein abschreckendes Beispiel für unbeherrschbare Komplexität ist der Hauptstadtflughafen Berlin-Brandenburg, der der modernste Flughafen Europas werden sollte. 2006 war Baubeginn und 2011 sollte der Flughafen eröffnet werden. Die geplanten Kosten lagen einst bei 1,7 Milliarden Euro, heute wird mit über 7 Milliarden gerechnet. Die aktuelle Diagnose lautet: Keiner blickt mehr durch. Aus dem Marketing ist das Phänomen der »Analyse-Lähmung« bekannt. Diese kann eintreten, wenn dem Kunden derart viele Varianten eines Produkts zur Auswahl stehen, dass er von der Unübersichtlichkeit der Auswahl überfordert ist.
Für große Unternehmen ist Komplexitätsmanagement längst ein Bestandteil des strategischen Managements, um Risiken rechtzeitig zu identifizieren und Komplexität zu reduzieren. Ganz nach der Devise von Albert Einstein: »Man soll die Dinge so einfach machen wie möglich – aber nicht einfacher.« Das ist die Herausforderung für Führungskräfte.

A = Ambiguity
Es gibt eine menschliche Eigenschaft, für die Psychologen den Begriff »Intolerance of Ambiguity« verwenden. Gemeint ist damit die Abneigung gegen unklare bzw. mehrdeutige Verhältnisse und die daraus entstehende Neigung, diese mit Sinn »aufzuladen«. Keiner hat Ahnung, wie es in der Firma aufgrund roter Zahlen wirklich weitergeht – nur der Flurfunk weiß Bescheid. Auf den Korridoren werden Gerüchte als Wahrheiten weitergegeben. Personalabbau! Die Firma wird verkauft! Neue Geschäftsführung! Insolvenz!
Die »Intolerance of Ambiguity« ist besonders gefährlich für die neue Führungskraft. Wer sich unklar gegenüber den Mitarbeitern verhält, muss mit Deutungen und Interpretation rund um die eigene Person rechnen, die meist wenig schmeichelhaft sind.

Nun gibt es Volatilität, Unsicherheit, Komplexität und Mehrdeutigkeit nicht erst seit heute. Schon immer waren Aktien für Überraschungen gut, oft wurden Kundenbedürfnisse falsch eingeschätzt oder die Nebenwirkungen des eigenen Handelns nicht vorausgesehen. Und woran man bei den Kollegen oder seinem Vorgesetzten war, wusste man auch nicht immer. Neu allerdings sind die Megatrends Digitalisierung und Globalisierung und die damit einhergehenden Unwägbarkeiten, von denen kein Unternehmen verschont bleibt.

4.1 Entscheidungen treffen, statt sie ausführen zu müssen

Ein Akteur in einer komplexen Handlungssituation gleicht einem Schachspieler, der mit einem Schachspiel spielen muss, das sehr viele Figuren aufweist, die mit Gummifäden aneinanderhängen, sodass es ihm unmöglich ist, nur eine Figur zu bewegen. Außerdem bewegen sich seine und die Figuren seines Gegners auch von allein, nach Regeln, die er nicht genau kennt oder über die er falsche Annahmen hat. Und obendrein befindet sich ein Teil der eigenen und der fremden Figuren im Nebel und sind nicht oder nur ungenau zu erkennen.

Wie wird man mit der Aufgabe fertig, in solch einer Situation zu entscheiden und zu handeln? Nun: Man überlegt sich,

- worauf man eigentlich hinauswill,
- welche Handlungsmöglichkeiten man hat,
- welche Folgen diese haben könnten und
- ob es vielleicht noch Alternativen gibt, auf die man noch nicht gekommen ist.

! **Entscheidungsprozess**

Der gesamte Prozess geistiger Tätigkeiten, der notwendig ist, um zu einer Entscheidung zu gelangen, lässt sich nach dem Psychologie-Professor Dietrich Dörner, der sich mit dem Thema »Risiko und Komplexität« befasst hat, folgendermaßen systematisieren:

1. **Zielausarbeitung:** Worauf will man eigentlich hinaus?
2. **Modellbildung und Informationssammlung:** Was ist Sache und was hängt womit zusammen?
3. **Prognose und Extrapolation:** Was wird sein?
4. **Planung von Aktionen:** Was könnte man alles wie tun?
5. **Entscheidung und Durchführung der Aktionen:** Was will man wie tun?
6. **Effektkontrolle und Revision der Handlungsstrategien:** Was hat es gebracht?

4.2 Der Umgang mit Zielen

Ziele sind Leuchtfeuer für das Handeln. Daher ist die Formulierung und die Umformulierung von Zielen eine zentrale Tätigkeit im Managementprozess. Wer nicht weiß, wohin die Reise gehen soll, braucht sich später nicht zu wundern, wenn er irgendwo ankommt, wo er überhaupt nicht hinwollte.

Um Ziele ausarbeiten zu können, ist zunächst begriffliche Klarheit nötig. Meist besteht ein Ziel darin, dass man einen wünschenswerten Zustand anstrebt – man spricht in diesem Falle von einem positiven Ziel. Etwa: »Meine Mitarbeiter sollen kundenorientiert denken und handeln.«

Bei einem negativen Ziel geht es dagegen darum, einen vorhandenen Mangelzustand zu beseitigen – etwas soll nicht mehr der Fall sein oder passieren. Beispiel: »Die Mitarbeiter sollen sich nicht als Rädchen im Getriebe fühlen.« Für negativen Ziele gilt die Warnung des Aphoristikers Lichtenberg: »Ob es besser wird, wenn es anders wird, weiß ich nicht, dass es aber anders werden muss, wenn es besser werden soll, weiß ich!«

Negative Ziele sagen meist nur, dass es irgendwie anders werden soll, und sind deshalb wenig geeignet, dem Handeln eine Richtung zu geben. Wenn das Ziel »Wir wollen weniger Reklamationen haben« ausgegeben wird, weiß keiner, was konkret zu tun ist. Die Reklamationen sind ja nur der Indikator dafür, dass etwas in der Organisation nicht rundläuft, doch kann man ein Fieber nicht dadurch bekämpfen, dass man das Fieberthermometer zerbricht. Ein positives Ziel wäre hier etwa: »Wir wollen unser Qualitätsmanagement verbessern.«

Derartige Unterscheidungen mögen akademisch klingen, sie sind aber wichtig, denn – wie an anderer Stelle bereits gesagt – falsche Begriffe behindern richtiges Denken. Dies gilt auch für die Unterscheidung von globalen und spezifischen Zielen. Beim Schachspiel besteht das globale Ziel darin, den gegnerischen König mattzusetzen. Da es sehr viele Matt-Situationen gibt, bleibt die Ziel-Situation recht unbestimmt. Man muss also zunächst spezifische Ziele definieren, die das Erreichen des Globalziels wahrscheinlich machen.

Die begriffliche und inhaltliche Klärungsarbeit ist damit aber noch nicht vollständig geleistet, denn vom globalen Ziel muss man das unklare Ziel unterscheiden. Ein typisches Beispiel für ein unklares Ziel: »Das Betriebsklima soll besser werden!« Aber wie soll der angestrebte Zustand aussehen? Aufgrund welcher Kriterien kann man sagen, dass das Ziel erreicht ist? »Betriebsklima« ist einer von jenen Begriffen, von denen man meint, dass es auch eine Sache geben müsse, die zu dem Begriff gehört. Die gibt es aber gar nicht. Wenn man solche Komplexbegriffe zerlegt, merkt man leider, dass es sich um ein ganzes Problembündel handelt, das nur bequem mit einer Wortmarke versehen wird.

! **Zielausarbeitung für neue Führungskräfte**

Wenn man neue Menschen kennenlernt und diese fragt, was sie eigentlich beruflich machen, liefern die meisten eine Berufsbezeichnung ab. Etwa: »Ich bin Key Account Manager/Systemanalytiker/Psychiater.« Führungskräfte antworten auf die Frage, was sie denn den ganzen Tag täten, nicht selten: »Das frage ich mich auch manchmal.« Solche Unklarheiten bezüglich der eigenen Rolle enden oft in Aktionismus. Dem entkommt man durch eine klare Zielausarbeitung. Hier ist das Aufgabenpaket, das es vor dem Start als Führungskraft zu bewältigen gilt:

1. Was ist mein Globalziel in der Mitarbeiterführung?
   - Hohe Teamproduktivität?
   - Hohe Akzeptanz als Führungskraft?
   - Motivierte Mitarbeiter?
   - Kundenorientierung?
   - ...
2. Welche Zwischenziele muss ich zunächst erreichen?
   - Gegenseitiges Vertrauen?
   - Offene Kommunikation?
   - Gemeinsame Werte?
   - Zielkonsens?
   - ...
3. Wie kann ich den Grad der Zielerreichung feststellen bzw. messen?
   - Fluktuation?
   - Fehlzeiten?
   - Profitabilität?
   - Reklamationsrate?
   - ...

Oft gibt es Mehrfachziele und damit verbundene Zielkonflikte.

4.3 Was ist Sache? Das Big Picture sehen

In Ägypten gab es zu wenig elektrische Energie, also baute man in den 60er-Jahren den Assuan-Staudamm, um Energie zu gewinnen. Die Nebenwirkungen sah man zunächst nicht: Der Nil unterhalb des Dammes führt aber jetzt keinen Schlamm mehr mit sich und überschwemmt die Felder nicht mehr. Man braucht Kunstdünger. Das klare Wasser unterhalb des Dammes beschleunigt die Fließgeschwindigkeit und damit die Ufererosion. Der Boden wird fortgerissen. Außerdem trägt der Strom weniger Nährstoffe in das Nildelta – der Sardinenbestand geht zurück. Das sind nur einige Beispiele für unvorhergesehene Folgen von Eingriffen in komplexe Systeme.

Was ist ein System? Ein System ist ein Geflecht von miteinander verknüpften Variablen. Zwischen den Variablen kann es »positive« Wirkbeziehungen (je mehr ... desto mehr... und je weniger... desto weniger) und »negative« Wirkbeziehungen geben (je mehr... desto weniger... und je weniger ... desto mehr). Aus diesem Grunde ist es vernünftig, bei der Behandlung eines Missstandes nicht nur diesen selbst zu betrachten, sondern zusätzlich das System, in das er eingebettet ist. Wenn man dies versäumt, läuft man Gefahr, nur die Symptome zu kurieren und unangenehme Neben- und Fernwirkungen der Eingriffe zu übersehen. Alles hängt mit allem zusammen und deshalb ist »vernetztes Denken« unverzichtbar.

Ein Beispiel aus dem Betriebsalltag !

Ein verdienter Mitarbeiter geht in Pension und lädt zu einer Abschiedsfeier ein. Die Weggefährten vieler Jahre erscheinen, nur der direkte Vorgesetzte kommt wegen eines wichtigen Kundentermins nicht. Bei einem engen Terminkalender muss man schließlich Prioritäten setzten: Hier der Mitarbeiter, den man sowieso nie wiedersieht, und dort der Kunde, von dem man einen lukrativen Auftrag erwartet. Hier waren in Unkenntnis der Systemzusammenhänge die Prioritäten aber falsch gesetzt. Im ganzen Unternehmen sprach sich herum: »So ergeht es einem also, wenn man sich Jahrzehnte für seinen Betrieb krumm gemacht hat – der Chef lässt sich nicht blicken.« Beim Militär nennt man das »Kollateralschaden«.

Was hängt womit zusammen? !

Um die Risiken unerwünschter Neben- und Fernwirkungen von Entscheidungen und Verhaltensweisen zu verringern, braucht man eine Antwort auf die folgenden Fragen:

1. Von welchen Variablen hängt die Zielvariable, die man beeinflussen möchte, kausal ab (z. B. Zufriedenheit am Arbeitsplatz, Motivation, Teamspirit etc.)?
2. In welche Bestandteile lassen sich die Elemente eines Systems überhaupt sinnvoll zerlegen (Organisationsstruktur, Informations- und Entscheidungswege, Aufgaben und Anforderungen, Marktsituation, Unternehmenskultur etc.)?
3. In welchem Wechselwirkungsverhältnis stehen die einzelnen Bestandteile eines Systems zueinander (Vertrauen und Kontrolle, Unternehmenswerte und Gewinnmaximierung, Kommunikation und Zeitdruck etc.)?

Diese Fragen lassen sich nur beantworten, wenn man ausreichend Strukturwissen über das jeweilige System besitzt. Hier kann es durchaus sinnvoll sein, eine Mindmap zu erstellen. Empfehlenswert ist die Mind-Mapping-Tools »Coogle« oder »MindMeister«.

4.4 Was wird sein? – Prognose

Was wird sein? »Prognosen sind schwierig«, gab Mark Twain, der legendäre Autor von »Tom Sawyer« einst zu bedenken, »vor allem, wenn sie sich auf die Zukunft beziehen«. Was ist aus den Prognosen des renommierten »Club of Rome« aus dem Jahre 1972 geworden, dem Experten aus 30 Ländern angehörten?

- Nach dem Erdöl-Aus um 1990 kommt die große Hungersnot.
- Erdgas, Kupfer, Blei, Aluminium, Wolfram: Nichts davon findet man nach den damaligen Vorhersagen heute noch in der Erde.
- Das Wirtschaftswachstum der UdSSR (sic!) wird um 1.500 % steigen.

Wie macht sich der Mensch ein Bild von der Zukunft? Zwei »Mechanismen der Prognose« fallen auf:

- die Momentan-Extrapolation, bei der ein augenblicklich sinnfälliger Trend mehr oder weniger linear fortgeschrieben wird (»Die Bevölkerung geht zurück!«, »China wird die Wirtschaftsmacht Nr. 1«, »Der stationäre Einzelhandel wird weiter schrumpfen!«) und
- die Zentralidee-Tendenz, bei der ein Faktor zum bestimmenden gemacht und der Rest des Weltgeschehens auf ihn bezogen wird (z. B. demografischer Wandel, Klima, Big Data, künstliche Intelligenz etc.).

Beide Methoden führen häufig zu Fehlprognosen. Aber als Führungskraft muss man eine Vorstellung haben von den derzeitigen und zukünftigen Mitarbeiter- und Kundenbedürfnissen. Wird sich der »War for Talents« verschärfen? Möchten die Mitarbeiter zukünftig mehr oder weniger Homeoffice-Angebote? Welche Bedeutung werden zukünftig Work-Life-Balance-Angebote haben? Wie wichtig ist für Kunden im stationären Einzelhandel oder bei einer Bank die persönliche Beratung?

!

Beispiel: Extrapolation

Wenn man extrapoliert, versucht man, ein Verhalten über den gesicherten Bereich hinaus zu bestimmen. Die Schlüsselfrage lautet: Was wird sein?
Beispiel: Ein Fahrzeug legt eine gerade Strecke von 1.000 Metern bei gleichbleibender Geschwindigkeit in einer Minute zurück.

0	5 km	**10 km**	15 km
0	5 Min.	**10 Min.**	15 Min.
		Gegenwart	

In zehn Minuten sind zehn Kilometer geschafft. Das kann man überprüfen. Aber wie viel Kilometer sind in 15 Minuten geschafft? Mit dem Planen und den Plänen ist es wie mit einer Straße, die man auf der Landkarte sieht und die allem Anschein nach in absehbarer Zeit zum gewünschten Ziel führen kann. Was man trotz Navi aber nicht immer vorhersieht, sind Schlaglöcher, Unfälle oder umschlagende Witterungsverhältnisse. Da wird die schöne Planung dann zur Makulatur und man erreicht sein Ziel viel später (siehe Bau des Berliner Flughafens) oder gar nicht.

4.5 Planung von Aktionen

Im Grunde ist das Planen ja etwas Einfaches. Man setzt in Gedanken Aktion an Aktion und hat irgendwann einen Weg vom Startpunkt zum Ziel entwickelt. Oder auch nicht! Bertolt Brecht äußert sich in der »Ballade von der Unzulänglichkeit menschlichen Planens« aus der »Dreigroschenoper« eher skeptisch:

Ballade von der Unzulänglichkeit menschlichen Planens

Ja, mach nur einen Plan

Sei nur ein großes Licht!

Und mach dann noch nen zweiten Plan

Gehn tun sie beide nicht.

Pläne schmieden ist eine schöne Sache und wer gar keine Pläne mehr für die Zukunft hat, hat diese meist bereits hinter sich. Wie genau sollte man aber planen, um sein Ziel zu erreichen? Ein schönes Beispiel dazu, wie es keinesfalls geht, ist bei Dietrich Dörner zu finden. Es geht um die Grenzen der Planungsmöglichkeiten eines Fußballtrainers: »Er wird also nicht der zweiten Sturmspitze erklären, wie sie in der sechsten Spielminute unter einem Winkel von 22 Grad seitlich von rechts auf das gegnerische Tor zulaufend 17 Meter vor dem Kasten den Ball mit einem Steigungswinkel von 10 Grad und 11 Minuten abfeuert, um mit Sicherheit einen Punkt zu machen.«

Natürlich wäre eine derartige Planung absurd. Der Pessimismus von Bertolt Brecht bezieht sich wohl in erster Linie auf den Umstand, dass das Planen niemals vollständig sein kann und auch nicht sein darf. Eine vollständige Planung dürfte im Ergebnis nicht besser sein, als wenn man gar nichts planen würde. Der große Stratege Napoleon empfahl, einfach erst mal anzufangen – man würde dann schon sehen, was man machen könne (»On s'engage et puis on voit!«).

Am besten fährt man in komplexen Situationen wohl, wenn es einem gelingt, möglichst viele Beteiligte mit einer »Generallinie« vertraut zu machen und dafür zu sorgen, dass diese auch von ihnen mitgetragen wird. Und wenn die Wirklichkeit die schönen Pläne über den Haufen wirft, muss man Ziele gegebenenfalls umformulieren.

4.6 Bauch- oder Kopfentscheidungen

Der Wirtschaftsnobelpreis 2017 ging an Richard H. Thaler. Der Wissenschaftler lehrt an der University of Chicago und bekam die Auszeichnung für seinen Beitrag zur Verhaltensökonomik. Diese Disziplin der Wirtschaftswissenschaften befasst sich mit psychologische Faktoren, die hinter wirtschaftlichen Entscheidungen stehen.

Für Richard A. Thaler ist der »Homo oeconomicus« tot, denn nicht nur rationales Kosten- und Gewinndenken würden unser Tun und Lassen bestimmen, sondern auch Bauchentscheidungen, die erst anschließend rational begründet werden, aber nicht unbedingt falsch sein müssen. Im Gegenteil!

!

Ein Beispiel aus der Praxis

Der Österreicher Dietrich Mateschitz bereiste in den 90er-Jahren unter anderem Thailand auf der Suche nach einem innovativen Energydrink. Die Rezepte, mit denen er nach Europa zurückkehrte, fielen sowohl bei Lebensmittelchemikern als auch bei Marketingexperten durch. »Herr Mateschitz«, sollen sie ihm damals geraten haben, »geben Sie bloß nicht Ihren alten Job auf – Sie werden mit dieser Geschäftsidee scheitern.« Mateschitz verließ sich nicht auf die Experten, sondern auf sein Bauchgefühl. Die Marke »Red Bull« ist inzwischen 33 Milliarden Dollar wert (Stand 2018) und Mateschitz die reichste Einzelperson in Österreich.

Als Führungskraft muss man bedenken, dass Marktstudien und Expertisen so manchem Produkt eine glorreiche Zukunft verhießen und es dann doch krepierte. Aber genau deshalb werden Führungskräfte gebraucht: Sie müssen eine Nase für zukünftige Entwicklungen und Trends und ein Gespür dafür haben, wie Mitarbeiter »ticken«. Das heißt keinesfalls, dass sie Fakten und Zahlen ignorieren sollten. Aber nicht alles, was gezählt werden kann, zählt, und nicht alles, was zählt, kann gezählt werden.

!

Bildung ist, was bleibt, wenn man alles vergessen hat

In der Lernpsychologie unterscheidet man zwischen zwei Wissensinhalten: dem expliziten und dem impliziten Wissen. Als explizit gilt ein Wissen, über das ein Subjekt bewusst verfügt und das es auch sprachlich ausdrücken kann. Etwa: Am 9. November 1989 fiel die Berliner Mauer. Implizite Inhalte dagegen zeichnen sich dadurch aus, dass sie nicht unmittelbar verfügbar sind. Aber sie sind da und können durchaus zu guten Entscheidungen führen.
Beispiele:

- Erfahrene Ärzte können häufig mit großer Zuverlässigkeit Diagnosen stellen, ohne explizit alle Regeln angeben zu können, nach denen sie bei Diagnose vorgehen.
- Das sprachliche Wissen ist zu weiten Teilen nur implizit verfügbar (Sprachgefühl), da selbst kompetente Sprecher nur einen Bruchteil der semantischen, syntaktischen und pragmatischen Regeln einer Sprache angeben können. Sie sprechen trotzdem richtig.
- Im Marketing ist Rot bekanntlich die gelernte Farbe für Sonderangebote. Das hat man irgendwann verinnerlicht, ohne dass einem dies bewusst ist. In der islamischen Welt hat Grün als »Farbe des Propheten« eine besondere Bedeutung.

Hirn oder Herz? Da sich die Wissenschaftler in dieser Frage uneinig sind, sollte manchmal auch »Common Sense« den Ausschlag geben. Wer wissenschaftlich belegte Tatbestände in den Wind schlägt, wird von der Wirklichkeit genauso bestraft wie einer, der aus ideologischen Gründen nicht sehen will, was man durchaus sehen kann. Was bezeichnete Hannah Arendt, die großartige deutsch-jüdische Philosophin als Signatur das 20. Jahrhunderts? Den Verlust des gesunden Menschenverstandes. Daran sollte man denken, wenn man mal wieder eine Headline mit der Überschrift »Forscher haben herausgefunden, dass ... « liest. Meist handelt es sich um Infotainment – und wer das nicht bemerkt, gerät schnell auf eine falsche Fährte.

4.7 Effektkontrolle und Revision der Handlungsstrategie

Die Betrachtung der Folgen von Maßnahmen bietet ausgezeichnete Möglichkeiten zur Korrektur eigener falscher Verhaltenstendenzen und falscher Annahmen über die Realität. Etwa:

- Hat man vor der Planung und Entscheidung nicht genügend Informationen gesammelt?
- Hat man dabei die falschen Methoden verwendet?
- Waren die Hypothesen nicht in Ordnung?
- Wurden vielleicht die richtigen Maßnahmen nur falsch durchgeführt?

Diese letzte Station komplexer Planungs- und Entscheidungsprozesse – nämlich die Effektkontrolle und die eventuelle Revision der Strategie – ist eher unbeliebt. Schließlich muss man sich gegebenenfalls eingestehen, dass man falsch geplant und entschieden hat. Es gibt deshalb Möglichkeiten, die Konfrontation mit den negativen Konsequenzen des eigenen Handelns zu vermeiden. Eine dieser Möglichkeiten ist das »ballistische Verhalten«. Die Ballistik ist die Lehre von der Flugbahn geworfener oder geschleuderter Körper. Ein »Nachsteuern« ist nicht möglich, auch wenn man sieht, dass das Ziel verfehlt wird. »Ballistisches Verhalten« in Planungs- und Entscheidungsprozesses bedeutet, dass man sich um die Ergebnisse nicht kümmert, sondern sich neuen Aufgaben zuwendet. Wie heißt es doch bei Wilhelm Busch? »Wohlgetan ist dieses nun, Julchen kann was anderes tun.« Der oben erwähnte Dietrich Dörner hält diese Einstellung für einen wesentlichen Erfolgskiller.

4.8 Der Hinge-Faktor

Das englische Wort »hinge« bedeutet »Angelpunkt« bzw. »Scharnier« und der amerikanische Journalist Erik Durschmied hat diesen Begriff benutzt, um auf ein alltägliches und überaus lästiges Phänomen hinzuweisen. Es besteht darin, dass die tollsten Pläne und Strategien oft an »Kleinigkeiten« scheitern.

!

Beispiel

1939 hätte der »Hitler-Attentäter« Georg Elser im Münchener Bürgerbräukeller beinahe die gesamte nationalsozialistische Führungsspitze mit einer Zeitbombe ausgerottet, wenn es an dem Tag keinen Nebel gegeben hätte. Der Diktator musste statt des Flugzeugs einen Zug nach Berlin nehmen und verließ deshalb 13 Minuten vor der Explosion mit seinem Führungsstab das Gebäude.

»Das Einfache ist schwierig«, sagte der preußische Stratege Carl von Clausewitz und spricht von »Friktionen«, die sich so anhäufen können, dass am Ende aus den schönsten Plänen nichts wird oder aber etwas herauskommt, was keiner gewollt hat.

Der Grund dafür, dass Pläne nicht funktionieren, liegt oft darin, dass man kleine, lästige Bedingungen nicht einkalkuliert hat, die aber erfüllt sein müssen, damit der Plan aufgeht. Wie loyal wird sich beispielsweise der Mitarbeiter im Team verhalten, der sich vergebliche Hoffnungen auf einen Aufstieg in eine Führungsposition gemacht hat?

!

Murphys Gesetz

Murphys Gesetz lautet: »Alles, was schiefgehen kann, wird auch schiefgehen.«
Der Ingenieur Captain Murphy nahm 1949 am Raketenschlittenprogramm der US Air Force teil, mit dem herausgefunden werden sollte, welche Beschleunigungen der menschliche Körper aushalten kann. Bei einem sehr kostspieligen Experiment wurden am Körper der Testperson 16 Messsensoren befestigt. Diese Sensoren konnten auf zwei Arten befestigt werden: auf die richtige und in 90° Abweichung von dieser. Das Experiment schlug fehl, weil jemand sämtliche Sensoren falsch angeschlossen hatte. Diese Erfahrung veranlasste Murphy, sein Gesetz zu formulieren. Die Urfassung lautet: »Wenn es mehrere Möglichkeiten gibt, eine Aufgabe zu erledigen und eine davon in einer Katastrophe endet oder sonst wie unerwünschte Konsequenzen nach sich zieht, dann wird es jemand genau so machen.«
Murphys Verdienst besteht darin, auf die oft banalen Gründe für menschliches Versagen bzw. Fehlerquellen in komplexen Systemen hingewiesen zu haben. Und das auch noch sehr unterhaltsam.

Alles Hinge oder wie? Die Nase der Cleopatra, meinte der französische Philosoph Blaise Pascal, habe Weltgeschichte gemacht. Als Traumfrau der Antike verführte sie zwei mächtige römische Feldherren, nämlich Cäsar und Antonius, um ihr Reich Ägypten zu retten. Am Ende, so Pascal, sah das Gesicht der Erde anders aus.

Wer Befindlichkeiten und Seelenlagen falsch einschätzt, schafft Konflikte und Reibungsverluste. Wer die richtigen Worte und den richtigen Ton findet, verhindert sie bzw. schafft sie aus der Welt. In diesem Sinne ist die Kommunikation das wichtigste Scharnier zwischen Mitarbeitern und Führungskräften.

5 Führen durch das Wort

»Eine Persönlichkeit ist der Ausgangs- und Fluchtpunkt alles dessen, was gesagt wird, und dessen, wie es gesagt wird.« Diese Feststellung des österreichischen Schriftstellers Robert Musil ist wohl zeitlos. Wer nicht kommuniziert oder keinen Zugang zu den Kommunikationswegen seines Betriebs findet, wird bzw. bleibt »wesenlos«, das heißt, er kann in der innerbetrieblichen Öffentlichkeit keine persönliche Identität entwickeln.

»Sprich, damit ich dich sehe«, hieß es in der Antike und manche Etymologen leiten das Wort »Person« vom lateinischen Begriff »personare« ab, der sich auf das Hindurch-Tönen der Stimme durch eine Tonmaske bezieht, die die antiken Schauspieler üblicherweise trugen. Und so ist es wohl auch: Erst im Gespräch und Austausch mit anderen erhält man jenes Gesicht, das einen als einmaliges und einzigartiges Individuum ausweist. Vor diesem Hintergrund ist es gewiss sinnvoll, sich genauer mit den Urfunktionen der Sprache zu befassen, die immer im Spiel sind, wenn ein Mensch in einer ihm noch fremden Gemeinschaft seinen Platz sucht und behaupten möchte. Und das gilt ganz besonders für jene, die zukünftig Führungsaufgaben erfolgreich zu erledigen haben.

5.1 Seelenreinigung

Zu den älteren Funktionen der Sprache gehört zweifellos das, was die Griechen der Antike »Katharsis« nannten. Wer mit einem Hammer einen Nagel in die Wand zu treiben versucht und dabei versehentlich den Daumen trifft, käme niemals auf die Idee, dieses Ereignis unter Verwendung von Konjunktionen und Relativsätzen zu kommentieren. Meist wird das Missgeschick knapp und präzise artikuliert und damit der Schmerz sozusagen über die Sprache abgeleitet. Wie dies konkret geschieht, ist eine Frage des Temperaments, der Erziehung und meist auch der regionalen Zugehörigkeit. Bei einem Bayern hört sich dies anders an als bei einem Sachsen und ein Choleriker wird anders als ein Melancholiker reagieren.

Es versteht sich von selbst, dass diese Entlastungsfunktion der Sprache auch im Betrieb eine wichtige Rolle spielt. Zum einen ist es schön, Erfolge gemeinsam zu bereden, zum anderen ist es aber auch tröstlich, Kolleginnen und Kollegen zu haben, bei denen man im Misserfolgsfall sein Herz ausschütten kann. Wer beispielsweise Reklamationen von Kunden zu bearbeiten hat, also ständig schlechte Nachrichten bekommt, ist arm dran, wenn es niemanden gibt, der sich als Klagemauer zur Verfügung stellt. Und im Idealfall ist das sogar der Vorgesetzte.

Empathie: Mitfreuen und Mitleiden

Der amerikanische Psychologe Mark Davis hat einen Test zur Erfassung der Empathiefähigkeit von Probanden konstruiert, den »Interpersonal Reactivity Index«. Dieser Test besteht aus den folgenden vier Skalen bzw. Aspekten der Empathie:

1. **Fantasy Scale**
   Hier geht es um die Fähigkeit, sich gedanklich und emotional in fiktive Geschichten hineinzuversetzen. Kate Winslet sitzt im Film »Titanic« auf einem Brett, ihr Geliebter Leonardo di Caprio hält sich mit letzter Kraft an diesem fest und der empathische Zuschauer bekommt auch kalte Füße. Einschlägig ausgestattete Zuschauer verlassen anschließend das Kino mit verheulten Augen.
2. **Perspective Thinking**
   Diese Testskala erfasst die Fähigkeit, den Standpunkt eines anderen Menschen zu verstehen, also die Welt mit seinen Augen zu sehen. Man spricht hier auch von »kognitiver Empathie«. Als Führungskraft kann man beispielsweise rational nachvollziehen, warum Mitarbeiter gegen bestimmte Veränderungsmaßnahmen sind, wenn das Unternehmen umgekrempelt werden soll oder ein Kunde aufgrund einer Reklamation auf einen Nachlass besteht.
3. **Empathic Concern**
   Hier geht es um die Sympathie für andere und die Fähigkeit, deren positiven Gefühle nachzuvollziehen. Es handelt sich um emotionale Empathie im Sinne der Fähigkeit, sich mitzufreuen, wenn Kollegen oder Mitarbeitern etwas gut gelungen ist. Unsere Gesellschaft wird oft als »Neidgesellschaft« beschrieben, deren Mitglieder »nicht gönnen können«. Emotionale Empathie ist zweifellos etwas Gutes und zeichnet den empathischen Vorgesetzten aus.
4. **Personal Distress**
   Dieser Aspekt der Empathie meint die persönliche Betroffenheit, wenn andere Menschen in emotional belastende Situationen oder Nöte geraten sind. Man leidet mit, wenn es anderen schlecht geht. Auch dies ist eine Form der emotionalen Empathie, die den Führungsalltag allerdings erheblich erschweren kann. Dazu gehört nicht zuletzt, einem Mitarbeiter eine betriebsbedingte Kündigung auszusprechen.

Dr. Christoph Paulus von der Universität Saarbrücken hat diesen Test an deutsche Verhältnisse angepasst. Wer will, kann den »Saarbrücker Persönlichkeits-Fragebogen zu Empathie (SPF)« kostenlos online durchführen.[4]

Führungskräfte mit guten empathischen Fähigkeiten sind in der Lage, bessere Beziehungen zu ihren Mitarbeitern zu gestalten und aufrechtzuerhalten.

4 Quelle: http://bildungswissenschaften.uni-saarland.de/personal/paulus/homepage/empathie.html

5.2 Nestwärme

Es ist Winter und die Temperaturen liegen bei minus 16 Grad. Zwei wildfremde Männer stehen an der Bushaltestelle und frieren. Da sagt der eine zum anderen: »Mann, ist das kalt heute!« und der andere antwortet »Ja, echt kalt!«. Wir haben es hier mit einer Nonsense-Kommunikation zu tun, aber der gemeinsam beschwatzte Frost ist leichter zu ertragen, als wenn man ihm allein ausgesetzt ist. Und das gilt für alle Widrigkeiten, die das Leben zuweilen für einen Menschen bereithält. Eine weitere Urfunktion der menschlichen Sprache besteht also darin, einander sozialen »Wetterschutz« zu gewährleisten – nämlich Geborgenheit nach innen und Geschlossenheit nach außen.

Und da führt von der Sprache im Dienste der Seelenreinigung eine gerade Linie zum innerbetrieblichen Klatsch und Tratsch. Vorgesetzte und Mitarbeiter beklagen dies meist gleichermaßen – Erstere, weil sie den Kostenfaktor Zeit im Auge haben (»Die Leute sollen arbeiten und nicht quatschen!«), Letztere, weil sie aus moralischen Gründen das »Gerede« über andere ablehnen oder aber befürchten, selbst zum Opfer zu werden.

Beide Standpunkte sind prinzipiell unangreifbar. Aber es ist wenig hilfreich, sich an einem Menschenbild zu orientieren, das mit der Realität nichts zu tun hat. Kollegen und Kolleginnen wird immer wieder der Sinn danach stehen, über Abwesende zu reden und zum Glück gibt es den blutleeren Homo oeconomicus ja nicht, der nur seinen Arbeitsvertrag und die dort getroffenen Leistungsvereinbarungen im Kopf hat.

Klatsch und Tratsch haben eine Ventilfunktion – es drängen Dinge zum Ausdruck, die im Interesse der Psychohygiene zum Ausdruck gebracht werden müssen. Der englische Psychologe Robin Dunbar meint sogar, die Sprache habe sich nur entwickelt, »damit wir tratschen können«. Kleine Geheimnisse vertreiben Frustgefühle und Langeweile – sie verschönern den bisweilen öden Alltag. Deshalb, so Robin Dunbar, gehöre der Klatsch zu den Lieblingsbeschäftigungen der Menschheit.

Der Soziologe Georg Simmel, der sich nie zu unsoliden Thesen hinreißen ließ, hält den Klatsch für »eine der größten Errungenschaften der Welt«. Nach seiner Überzeugung kann keine Firma, keine politische Partei und keine Gemeinde ohne Spekulationen über das Innenleben anderer existieren. Klatsch und Tratsch vermitteln ein »Wir-Gefühl«.

Angesichts dieser Zeilen mag man sich die Augen reiben, aber der sicher zeitlose Psychoanalytiker Alexander Mitscherlich schlägt in dieselbe Kerbe: »Mag der Klatsch lästig sein, zuweilen gefährlich giftig: Er ist ein Ventil, das die Menschen in den Fesseln ihrer Gesellschaft nicht entbehren können.«

Eine wesentliche Aufgabe einer Führungskraft besteht folglich darin, dafür zu sorgen, dass sich die Mitarbeiter im Unternehmen »behaust« fühlen – also ihre berufliche Heimat finden – und dies auch so bleibt. Wer das als Führungskraft hinbekommt, muss sich mit den unerfreulichen Erscheinungen wie Motivationsverluste, innerer Kündigung und Fluktuation nicht herumplagen.

5.3 Die Suggestivkraft der Sprache

Wir denken, fühlen und handeln im Gleise der Sprache. Deshalb kann man mit Wörtern führen und verführen. Wer die Begriffe besetzt, besetzt auch die Köpfe bzw. versucht es zumindest. Insbesondere Politiker, Wirtschaftsführer und Marketingexperten wissen das genau und versuchen, sich über die Sprache in die Hirne der Wähler, Mitarbeiter und Kunden einzuschleichen und deren Denken zu lenken.

Es geht um die Suggestibilität des Menschen und die Suggestivkraft der Sprache. Von der Hypnose bis zum autogenen Training, von der Beschwörungsformel (»Wir schaffen das!«) bis zur anfeuernden Rede – die Sprache und das Sprechen wurden zum entscheidenden Machtfaktor nach der Abschaffung des Feudalsystems, in dem die Herkunft den Lebensweg bestimmte. So kann man beispielsweise mit der Sprache Unangenehmes verharmlosen. Mitarbeiter werden »freigestellt«, Diäten »angepasst« und der Brandstifter, der sich der Suggestivwirkung der Sprache bewusst ist, bekennt freimütig, dass »seine Anwesenheit bei der Brandlegung hilfreich gewesen sei.«

Die Suggestivkraft der Sprache wurde auch bei der Formulierung des Arbeitnehmerüberlassungsgesetzes (AÜG) genutzt. Dieses Gesetz spricht von Leiharbeitnehmern und ruft damit eher unvorteilhafte Assoziationen hervor, während die Verleihfirmen Begriffe wie »Zeitarbeit« und »Zeitarbeitnehmer« bevorzugen. Das klingt zweifellos attraktiver. Für die Initiative www.leiharbeit-abschaffen.de dagegen ist Leiharbeit mit Sklavenhandel gleichzusetzen und der Begriff »Zeitarbeit« deshalb tabu. Aber dazu noch mehr in einem späteren Kapitel.

In diesem Sinne gehört das »Wording« als das Nachdenken über die Implementierung von Sprachregelungen für Führungskräfte zum Alltagsgeschäft. Wer andere überzeugen und gewinnen möchte, muss sich um das Was und das Wie kümmern. Was sage ich meinen Mitarbeitern und wie sage ich es ihnen? Und wie bleibe ich dabei noch wahrhaftig?

!

Wording – die Macht der Wörter

Harun Al Raschid, der berühmte Kalif von Bagdad, hatte einmal einen schlimmen Traum. Er ließ, wie es seinerzeit im Morgenland üblich war, einen Traumdeuter an den Hof kommen, um sich die Zukunft auf der Grundlage seiner nächtlichen Visionen vorhersagen zu lassen. Der angereiste Traumdeuter, dieser Unglücksrabe, hatte keine Ahnung von der Sugges-

tibilität des Menschen und der Suggestivkraft der Sprache. Er hörte sich den Traum des Potentaten an und sagte: »Ehrwürdiger Herrscher, ich habe eine schlechte Nachricht zu überbringen. Sie werden alle Angehörigen verlieren.« Dem Traumdeuter wurde diese üble Mitteilung mitsamt dem Kopf abgenommen. Bekanntlich werden Überbringer unangenehmer Botschaften auch in unseren Tagen nicht sonderlich gut behandelt. Deshalb wird ja auch der wahre Zustand von in eine finanzielle Schieflage geratenen Unternehmen gern so lange wie möglich verschleiert. Man denke an den Schlecker-Skandal.
In Bagdad wurde damals einfach ein anderer Traumdeuter bestellt und der wusste sehr wohl, dass Menschen im Gleise der Sprache denken, fühlen und handeln. Auch er hörte sich den Traum des Kalifen an, kam dann allerdings zu dieser Schlussfolgerung: »Ehrwürdiger Herrscher, ich habe eine wunderbare Nachricht zu übermitteln. Sie werden alle Ihre Angehörigen überleben.« Der Überlieferung zufolge kam diese Nachricht gut an und der Traumdeuter wurde deshalb mit einem Sack voll Gold beschenkt.

Es ist nicht ehrenrührig, die Suggestivkraft der Sprache in diesem positiven Sinne zu nutzen. Gerade für Kritik- oder Beurteilungsgespräche liegen hier gute Möglichkeiten, verletzungsfrei zu kommunizieren, ohne die Realität zu verfälschen. Es geht also im Führungsprozess darum, einem unerfreulichen Tatbestand auch eine positive Seite abzugewinnen. Ist das Glas nun halb voll oder halb leer? Ein veränderter Blickwinkel kann auch Mut machen und jemandem damit seelischen Rückenwind bescheren. Die Verwendung von Schon- und Schönwörtern darf allerdings nicht auf Kosten einer klaren Ansage gehen oder zur Mehrdeutigkeiten führen.

Furore macht in diesem Zusammenhang in der Öffentlichkeit seit einiger Zeit das Framing-Phänomen, das insbesondere durch die in den USA forschende Linguistin Elisabeth Wehling popularisiert wurde. Gemeint ist damit, dass die Wortwahl den Rahmen für eine gewünschte einseitige Verarbeitung von Informationen, Deutungen und Bewertungen setzt.

Framing geht über das Wording hinaus, weil die Meinungsbeeinflussung – so Wehling – durch die Stärkung bestimmter synaptischer Verbindungen im Gehirn stattfindet. Kein Wunder also, dass Framing Glamour hat und gefragt ist. Als Führungskraft muss man aber aufpassen, dass man nicht über jedes Stöckchen springt. Gerade in den Humanwissenschaften ist bei Sätzen wie »Wissenschaftler haben herausgefunden, dass ...« größte Vorsicht angesagt. In diesem Sinne stellt Jörg Matthes, Professor für Publizistik und Kommunikationswissenschaften an der Universität Wien, kurz und bündig fest: »Es gibt keine konkreten neurowissenschaftlichen Studien zum Framing-Phänomen in Bezug auf Persuasion, also Meinungsbeeinflussung.«

Anleitung zur Volksverdummung: das Framing-Manual der ARD !

120.000 Euro hat die ARD für die Framing-Beratung durch die Linguistin Elisabeth Wehling gezahlt. Im Mittelpunkt der Empfehlungen zur Verbesserung des Images der ARD steht der Rat, »nicht primär in Form von Faktenlisten« zu sprechen, sondern »Gefühle und Moral« zu

thematisieren. Und weiter: »Objektives, faktenbegründetes und rationales Denken gibt es nicht (...).« Unfassbar. Hier werden nebenbei die Errungenschaften der Aufklärung kassiert. So sollen die Mitarbeiter von »unserem gemeinsamen Rundfunk ARD« reden. Da war doch mal was? »Unsere DDR.« – »Unser sozialistisches Vaterland.« Diese nervigen Sprachregelungen haben bekanntlich das Gegenteil bewirkt.
Weiter soll das Wort »bezahlen« im öffentlichen Diskurs vermieden werden. Stattdessen gilt es, den Zwangsgebührenzahlern zu verdeutlichen, dass sie den Rundfunk »ermöglichen«. Und der Rundfunkbeitrag ist freilich kein Rundfunkbeitrag, sondern »eine proaktive, selbstbestimmte (da demokratisch entschiedene) Beteiligung der Bürger am gemeinsamen Rundfunk ARD«.
Dies ist keine Satire, sondern der inakzeptable Versuch, an die Stelle des kritischen Gedankenaustausches beim ahnungslosen Gegenüber bestimmte »synaptische Verbindungen im Gehirn« zu verstärken. Dieser zum Glück zum Scheitern verurteilte Versuch verträgt sich nicht mit dem Anspruch der ARD, an einer »friedvollen, informierten und demokratischen Gesellschaft« zu arbeiten.

Nachhaltig blamiert haben sich die Anhänger des Marktforschers James Vicary, der 1957 mit einem Experiment zur Wirksamkeit unterschwelliger Werbung weltweit bekannt wurde. Er wollte wissenschaftlich nachgewiesen haben, dass das extrem kurzzeitige Einblenden (ca. 1/3000 Sek.) der Botschaft »Eat popcorn, drink Coke« in einem Kinofilm zu starken Verkaufssteigerungen im Kino geführt hätte. Die Werbeeinblendung, die unterhalb der Wahrnehmungsschwelle lag, manipuliere das Kaufverhalten also über das Unbewusste. Diese Aussage führte auch in Deutschland zu heftigen Diskussionen in der Öffentlichkeit über die Gefährlichkeit von Werbung. So also arbeiten die »geheimen Verführer«! Der Befund war so schaurig schön, dass er einfach wahr sein musste. 1962 gab James Vicary in einem Interview allerdings zu, das gesamte Experiment erfunden zu haben, um auf seine eigene Marktforschungsfirma aufmerksam zu machen. Und in der Tat konnten weitere Experimente die Wirkung unterschwelliger Werbung nicht bestätigen. Bemerkenswert aber ist, dass diesen wissenschaftlichen Betrug bis heute kaum jemand zur Kenntnis genommen hat.

Führungskräften ist zu raten, die Denkfähigkeit und das Urteilsvermögen der Mitarbeiter nicht zu unterschätzen. Das ständige Wiederholen rundgelutschter Phrasen führt irgendwann dazu, dass die Menschen nicht mehr hinhören oder sogar zynisch reagieren. Die Autorin der Formel »Wir schaffen das!« weiß, dass eine öffentliche Wiederholung dieses Satzes einen Shitstorm auslösen würde.

Und wie sieht es diesbezüglich in den Firmen aus? Viele Unternehmen erfinden für einen durchaus notwendigen Strategiewechsel oder für Sparmaßnahmen unwiderstehliche Namen wie »Together«, »Fit for Future«, »For Motion« oder »Perform to win«. Diese Etiketten sollen oft nur verschleiern, dass sich etliche Mitarbeiter die Karten legen können bzw. geliebte Routinen in den Arbeitsprozessen zerstört werden. Viele der Betroffenen sind längt aus Erfahrung gewitzt und übersetzen solche Programme mit »Go home«.

Vor diesem Hintergrund kann die Mahnung für Führungskräfte nur lauten: »Ready for Truth«. Die Glaubwürdigkeit und damit Performance einer Führungskraft hängt von der Bereitschaft ab, wahrhaftig zu sein. Wer eine moralische Gesinnung wie eine Monstranz vor sich herträgt, ohne sie zu leben, wird nicht akzeptiert. »Ready for Truth« heißt, anstehende Unannehmlichkeiten hinsichtlich der weiteren Entwicklung des Unternehmens beim Namen zu nennen. Wer nur sagt, was gut ankommt, ist gefährlich und lebt am Ende auch gefährlich.

5.4 Sprache und Verständigung

Hilmar Kopper, der frühere Sprecher der Deutschen Bank, hat sich überhaupt nichts dabei gedacht, als er den Verlust von 50 Millionen DM im Zusammenhang mit dem Konkurs des Baulöwen Schneider als »Peanuts« – also Kleingeld – abtat. In der Folge hatte Kopper den Ruf des kaltschnäuzigen Bankers weg und die Deutsche Bank einen Imageschaden, von dem sie sich bis heute nicht erholen konnte.

Für die Deutsche Bank mochten derartige Beträge angesichts des damaligen Geschäftsvolumens von über 500 Milliarden DM tatsächlich uninteressant sein, für den Normalbürger sind sie es auf jeden Fall nicht und deshalb war die Empörung ja auch so groß. Kopper hatte in der Sache aus seiner Warte gewiss recht, aber Wirtschaft ist eben keine Veranstaltung, die ausschließlich aus einem rationalen Kalkül heraus bewertet wird.

»50 Prozent der Wirtschaft ist Psychologie.« Davon war jedenfalls Koppers Vorgänger Alfred Herrhausen überzeugt, der im Jahre 1989 von der RAF ermordet wurde. »Wirtschaft ist eine Veranstaltung von Menschen, nicht von Computern. Und deshalb spielen Stimmungen und Seelenlagen, deshalb spielt die Psychologie eine außerordentliche Rolle.« Diese Diagnose des Bankiers Herrhausen kann man Führungskräften nur ans Herz legen.

Herrhausens Nachfolger haben diesen Befund in den Wind geschlagen und damit viel Schaden angerichtet. Man denke an das Victory-Zeichen von Josef Ackermann (»Mr Victory«), mit dem dieser das Gericht anlässlich eines Vorwurfs wegen Veruntreuung verunglimpfte, oder an John Cryan, der zu Beginn seiner Amtszeit verkündete, er habe eine »lausige IT-Infrastruktur« vorgefunden. Das war ein Schlag in die Magengrube aller IT-Manager des Bankhauses und ein Angstmacher für die Kunden, die sich Sorgen um die IT-Sicherheit ihres Geldinstituts machen.

Eine besonders üble verbale Entgleisung wurde dem neuen VW-Vorstandschef Herbert Diess vorgeworfen, als er auf einer Managementkonferenz den Satz »Ebit macht frei« mehrfach fallen ließ. Viele Teilnehmer fühlten sich an die Toraufschrift »Arbeit macht frei« der nationalsozialistischen Konzentrationslager erinnert. Der VW-Chef kassierte den Vorwurf mangelnder Sensibilität und musste sich entschuldigen.

! **Die Rhetorikregel Nr. 1**

»Es ist egal, was du sagst – entscheidend ist, wie es ankommt.« So lautet die älteste Regel der Rhetorik seit der Antike. Und das gilt bis heute.

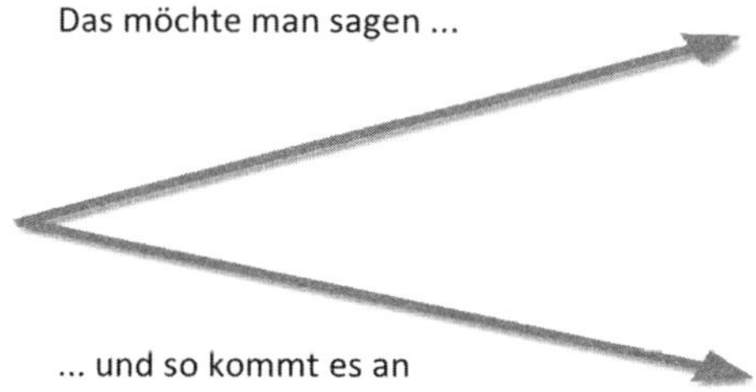

Kommunikationsverzerrungen

Die Jesuiten sind auf dem Gebiet der Rhetorik unschlagbar. Sie haben drei Basisregeln des erfolgreichen Umgangs mit anderen entwickelt, die eine gute Grundlage für das eigene Kommunikationsverhalten als Führungskraft abgeben.

- **Achten Sie mehr auf den Menschen, mit dem sie sprechen bzw. den sie überzeugen wollen, als auf sich selbst.**
  Die Kernfrage, die es zu beantworten gilt, heißt also: Mit wem habe ich es zu tun? Dieser Grundsatz ist stimmig mit einem Befund, der von Johann Wolfgang von Goethe stammt: »Die Pflanze gleicht den eigensinnigen Menschen, von denen man alles haben kann, wenn man sie nach ihrer Art behandelt.«
- **Formulieren und argumentieren Sie sachlich richtig und adressatengerecht.**
  Das klingt simpel und ist doch schwer. Meist öffnet sich die Schere recht weit zwischen dem, was man sagen möchte, und der Art und Weise, wie es bei anderen ankommt. Jeder kennt aus seinem Berufs- und Privatleben die unangenehmen Auseinandersetzungen, die in Sätzen gipfeln wie »Das habe ich nicht gesagt!« – »Das habe ich nicht so gemeint!« – »Da hast du mich falsch verstanden!«.
- **Beachten Sie, dass Sie einen Menschen nur überzeugen bzw. gewinnen können, wenn keine emotionalen Widerstände vorhanden sind.**
  »Was das Herz nicht akzeptiert, lässt der Kopf gar nicht erst herein.« Eine alte Volksmund-Weisheit. Oder anders: Wer die Bedürfnisse, Erwartungen, Stimmungen und Eitelkeiten seines Gesprächspartners nicht berücksichtigt, kommt mit seiner Botschaft schlecht oder gar nicht an.

Diese Tipps stammen von dem Jesuitenpater Rupert Lay, der als Rhetorik- und Dialektiktrainer einen legendären Ruf genießt.

Die hier angesprochene Problematik soll nicht dazu führen oder gar verführen, jedes Wort auf die Waagschale zu legen, denn dann kommt man zu nichts. Bertolt Brecht hat allerdings einmal angemerkt, dass wir zwar hin und wieder unsere Wäsche waschen würden, aber niemals unsere Wörter. Insofern ist es gewiss sinnvoll, das eigene Kommunikationsverhalten ab und zu einmal selbstkritisch zu überprüfen und eventuelle Fehlentwicklungen zu korrigieren. Allerdings muss man aufpassen, dass das Überprüfen nicht zur Zensur wird.

»Wer Mensch sagt, sagt Sprache.« Diesen Satz von Sigmund Freud sollten vor allem Führungskräfte ernst nehmen. So manche hoffnungsfrohe Karriere endet aufgrund kommunikativer Defizite und Fehlleistungen, bevor sie richtig begonnen hat. Die Fähigkeit zum Dialog gehört heute zu den entscheidenden Schlüsselqualifikationen von Fach- und Führungskräften.

Viele machen sich allerdings immer noch darüber lustig, dass der Dialog zu den wichtigsten Führungsinstrumenten gehören soll. Was das an Zeit kostet! Dem ist zu widersprechen, denn nicht geführte Gespräche kosten die meiste Zeit.

5.5 Wofür sind Meetings gut?

Die Konferenz, so witzelte einmal ein offenbar erfahrener Sitzungsteilnehmer, ist ein Treffen, bei dem entschieden wird, wann das nächste Treffen stattfinden soll. Der Mann spricht gewiss vielen Leidensgenossen aus der Seele, darf aber keineswegs dahin gehend missverstanden werden, dass Konferenzen und Meetings unwichtig seien. Auf Konferenzen kann man sich immerhin um seinen Kopf reden. Wofür aber sind Konferenzen sonst noch gut?

Konferenzen sind oft Verkaufsveranstaltungen in eigener Sache – es wird Selfmarketing betrieben. Dabei geht es auch um Sachfragen, aber hinter den vorgetragenen Diskussionsbeiträgen bzw. Lösungsvorschlägen steht meist jemand, der sichtbar werden möchte und oft Profilierungsinteressen verfolgt. So ist das Leben, weil es den Homo oeconomicus nicht gibt.

Was also macht den Teilnehmer und die Teilnahme an einer Konferenz sonst noch wertvoll? Die folgenden Empfehlungen richten sich zunächst an die »Young Professionals«, aber auch an Um- und Aufsteiger, die das Bessere immer noch für den Feind des Guten halten.

»Man sieht nur, was man weiß.« Wer sein eigenes Verhalten halbwegs kritisch besichtigen möchte, ist nicht schlecht beraten, sich mit den typischen »Rollen« von Konferenzteilnehmern zu beschäftigen. Sie sind zeitlos und situationsunabhängig – also überall zu besichtigen, wo Menschen einander begegnen und sich in Diskursen, Diskussionen und Debatten miteinander auseinandersetzen.

Hier zunächst die positiven Rollenfunktionen, die eine ergebnisorientierte Zusammenarbeit am Tisch überhaupt erst ermöglichen:

Konstruktiv-leistungsorientierte Rollenfunktionen:

- Initiative ergreifen
- den Gesprächsablauf strukturieren
- Ideen einbringen
- Lösungen vorschlagen
- Kompromisse vorschlagen, wenn die Lage festgefahren ist

Konstruktiv-sozioemotionale Rollenfunktionen:

- Beiträge anderer aufgreifen
- Ideen anderer würdigen
- Differenzen herausarbeiten und Gemeinsamkeiten feststellen
- Brücken zwischen unterschiedlichen Standpunkten bauen
- Spannungen abbauen/für eine gute Atmosphäre sorgen

Wer diese Verhaltensmuster halbwegs umzusetzen vermag, gewinnt an Profil und treibt vor allem die Dinge voran. Die besten Leute sind nun einmal jene, bei denen Kopf und Seele stimmig sind. Sie denken und handeln leistungs- und personenbezogen, sorgen aber auch für die emotionale Ernährung des Teams bzw. der Sitzungsteilnehmer. Mit der Einübung dieser »Rollen« kann man übrigens ab sofort beginnen – in der Familie, im Freundeskreis, auf Feten und Elternabenden.

Die Wirklichkeit ist freilich oft anders. Langjährig gebeutelte Konferenzteilnehmer benennen die folgenden Verhaltensmuster als »dysfunktional« und nervig:

Dysfunktional-leistungsorientierte Rollenfunktionen:

- Imponiergehabe/Dominieren
- jedes Thema sofort an sich reißen
- andere »ausbremsen«/blockieren (»Killerphrasen«, siehe auch weiter unten)
- Ideen ablehnen, weil sie nicht die eigenen sind
- auf einem einzigen Punkt hartnäckig beharren
- auch wenn alles längst gesagt ist, endlos eigene Kommentare nachschieben

Dysfunktional-sozioemotionale Rollenfunktionen:

- andere herabsetzen/persönlich werden
- durch »Mätzchen« (unpassende Bemerkungen und Witze) Beachtung suchen
- mit den Worten nicht fertig werden/palavern
- Rückzug in die »Schmollecke«, weil man mit eigenen Vorschlägen nicht durchgekommen ist

Man sollte diesen Sündenkatalog jedem Konferenzteilnehmer vor Beginn der Veranstaltung auf den Platz legen.

ARBEITSHILFE ONLINE

Checkliste für Meetings

Viele Unternehmen leiden darunter, dass ergebnislos kommuniziert wird. Ein Meeting jagt das andere, aber die Resultate sind oft frustrierend. Topmanager verbringen Umfragen zufolge über 60 Prozent ihrer Arbeitszeit in Konferenzen.
Hier die Kernfragen, die man sich vor einer Konferenz stellen sollte:

1. Muss das Meeting überhaupt sein?
2. Wer sollte teilnehmen?
3. Was wollen wir erreichen?
4. Um welche Themen geht es?
5. Wie und worauf müssen sich die Teilnehmer vorbereiten?
6. Ist der Zeitrahmen klar?
7. Wer moderiert? Wer leistet welche Beiträge im Meeting?
8. Wer übernimmt am Ende des Meetings welche Aufgaben?
9. Wann wird von wem über die Ergebnisse der Beschlüsse berichtet?

5.6 Akzeptierung – oder: Killerphrasen

Ein Blick zurück zur Pressekonferenz von VW nach dem desaströsen Dieselskandal am 10. Dezember 2015. Der neue Vorstandschef Matthias Müller – inzwischen wieder abgelöst – verkündet mit einem Satz eine neue Unternehmenskultur und Personalpolitik: »Wir brauchen keine Ja-Sager.«

Im Nachhinein hat sich die Unternehmensleitung natürlich gefragt, warum kein Akteur oder Mitwisser der Abgasmanipulation an den Dieselmotoren in den USA dem Betrug am Kunden Einhalt geboten bzw. die Manipulationen der Unternehmensleitung gemeldet hat. Führungskräfte sollten sich deshalb beizeiten mit den Gesetzen der Gruppendynamik auseinandersetzen, um Mitarbeiter zu ermutigen, einem destruktiven Konformitätsdruck zu widerstehen. Insbesondere der Überbringer schlechter Nachrichten darf nicht vom Hof gejagt werden.

!

Achtung: Nur tote Fische schwimmen mit dem Strom

Wann neigen Menschen dazu, sich von ihrer eigenen Meinung zu verabschieden? Ein Individuum tendiert dazu, sich der Gruppenmeinung zu beugen, wenn

- der zu beurteilende Gegenstand mehrdeutig ist,
- die abweichende Meinung öffentlich gesagt werden muss,
- die Majorität groß ist, die eine Gegenmeinung vertritt und
- die Gruppe einen besonders engen Kontakt hat.

Konformität kann als Fall des »ökonomischen Prinzips« angesehen werden: Ein Individuum wird sich in der Regel dann der Gruppenmeinung anschließen, wenn die Kosten einer Abweichung hoch sind bzw. wenn der Nutzen hoch ist, den ein konformes Verhalten bringt. Die »Kosten« können darin bestehen, dass man mit »Liebesentzug« bestraft oder gar als »Nestbeschmutzer« oder »Bedenkenträger« aus der Gruppe ausgeschlossen wird. Der Nutzen kann darin bestehen, dass man sich Auseinandersetzungen im Team erspart und von der Unternehmensleitung als »pflegeleicht« eingestuft wird. Für die zukünftige Karriere kann das durchaus vorteilhaft sein.

Wohin läuft die Hammelherde? Bloß nicht den Anschluss an die Horde verlieren! Das ist die Sorge vieler Mitarbeiter und auch Führungskräfte laufen Gefahr, sich manchmal wider besseres Wissen dem Mainstream anzuschließen. Was gestern galt, muss heute nicht mehr stimmen, aber was heute lautstark propagiert wird, ist auch nicht unbedingt richtig.

Untersuchungen der Gruppendynamik legen nahe, dass die Einhaltung der Akzeptierungsbedingung in erheblichem Maße den Erfolg von Teams determiniert. Dabei bedeutet »Akzeptierung« nicht, jeden abwegig erscheinenden Vorschlag umzusetzen, sondern erst einmal dessen Äußerung zu ermöglichen. Mitarbeiter werden irgendwann keine Ideen mehr produzieren, wenn sie von vornherein abgebürstet werden – zum Beispiel durch Killerphrasen. So wird Kreativität im Ansatz zerstört.

!

Test: Kognitive Täuschungen

Die Führungskräftetrainer Maier und Solem haben eine Denksportaufgabe erdacht, die inzwischen berühmt geworden ist. Es geht um das folgende »psycho-logische« Problem:
Ein Mann kauft ein Pferd für 600 Euro und verkauft es weiter für 700 Euro; darauf kauft er das Pferd für 800 Euro wieder zurück, um es erneut für 900 Euro zu verkaufen.
Frage: Wie viel hat er verdient bzw. hat er etwas verloren oder geht der Deal plus minus null aus? (Es fallen weder Zinsen noch Kosten für Futter und Stall an).
Wenn man einzelnen Personen diese Aufgabe vorlegt, kommen die folgenden Lösungen vor: 0 Euro, 100 Euro, 200 Euro und 300 Euro. Erfahrungsgemäß finden tatsächlich nur 45 Prozent der Einzelindividuen die richtige Lösung.
200 Euro ist übrigens richtig.

Interessant ist an den folgenden Diskussionen, wie heftig sich manche Führungskräfte in der Schlinge der eigenen Psychologie verfangen und einen falsche Lösung apodiktisch verteidigen. Die Möglichkeit des Andersseins wird nicht in Betracht gezogen.

Interessant ist nun Folgendes: In Gruppen mit fünf Personen steigt die Lösungswahrscheinlichkeit auf 84 Prozent, wenn diese einen Diskussionsleiter einsetzen, dessen Aufgabe darin besteht, den einzelnen Mitgliedern Gehör zu verschaffen.

Mit der Einhaltung der Akzeptierungsbedingung hat man freilich noch nicht die beste oder richtige Lösung, aber man schafft als Führungskraft ein Diskussions- und Debattenklima, das die Wahrscheinlichkeit einer guten Lösung erhöht. Also weg mit den Killerphrasen!

Was sind Killerphrasen? Killerphrasen sind Sätze der Abwehr, der Ablehnung oder der Herabsetzung, die keinen konstruktiven Beitrag leisten. Killerphrasen zielen oft auf die Person und nicht auf die Sache. Killerphrasen killen neue Ideen. Einige Beispiele:

- »Auch Sie werden sich der Tatsache nicht verschließen können ...«
- »Um das beurteilen zu können, fehlt Ihnen das Fachwissen.«
- »Wenn das ginge, hätte es längst jemand anders so gemacht.«
- »Das ist doch bloße Theorie.«
- »Sie sind zu jung. Sammeln Sie zuerst ein bisschen Erfahrung.«
- »An Ihrer Stelle würde ich das auch behaupten.«
- »Wie doch jeder weiß ...«
- »Es ist doch allgemein bekannt, dass ...«
- »Das ist doch reiner Populismus!«

Der Philosoph Arthur Schopenhauer erinnert in seinem »Regelwerk des Streitgesprächs« daran, dass es im Wesentlichen zwei Angriffspunkte gibt, durch die man sich das »Rechthaben« erstreiten kann:

1. ad rem (zur Sache), d.h. hier werden die Gründe der gegnerischen Position angegriffen und es wird versucht zu zeigen, dass sie falsch sind.
2. ad hominem (zum Menschen), d.h. hier wird der Gegner selbst unglaubwürdig gemacht oder verunglimpft – zum Beispiel durch Killerphrasen.

Es versteht sich von selbst, dass man als Führungskraft bei der zweiten Variante einschreiten muss.

Die Stanford-Speech !

»Don't be trapped by dogma – which is living with the results of other people's thinking. Don't let the noise of others' opinions drown out your own inner voice. And most important, have the courage to follow your heart and intuition. (...) Stay hungry. Stay foolish.«
Diese Mahnung stammt aus der legendären »Stanford-Speech«, die Steve Jobs 2005 vor Studenten der University of Stanford hielt (Youtube Stanford Commencement Address Steve Jobs).

6 Führungsmodelle und Führungsgrundsätze

Welche Eigenschaften hat die ideale Führungskraft? Die Antworten auf diese Frage füllen einstweilen Bibliotheken. Eine eher deprimierende Diagnose stammt von dem streitbaren Managementexperten Fredmund Malik: »Der ideale Manager wäre eine Kreuzung aus Alexander dem Großen, Albert Einstein und Thomas Gottschalk.« Angesichts eines solchen Anspruchs könnten die Manager dieser Welt einpacken.

Aus diesem Grunde soll der Führungserfolg hier nicht eigenschaftstheoretisch, sondern verhaltenstheoretisch erklärt werden. Im Mittelpunkt der Überlegungen stehen also keine Persönlichkeitseigenschaften, die im Zweifelsfall den »geborenen Anführer« ausmachen, sondern das Verhalten von Führungskräften gegenüber den Mitarbeitern. Mangelhaftes Führungswissen – so dieser Ansatz – hat oft Führungsfehler zur Folge und damit eine Vergeudung von Human Resources.

6.1 Die Dynamik der Führungsrolle

Wer kann und soll Mitarbeiter führen? Tiefenpsychologen bringen die Begriffe »Projektion« und »Identifikation« zum Verständnis des Führungsphänomens ins Spiel. In diesem Sinne stellt sich die Dynamik der Führungsrolle modellhaft folgendermaßen dar:

Am Anfang stehen Schwierigkeiten: Wahlen drohen verloren zu gehen, der innere soziale Frieden ist gefährdet, die wirtschaftliche Lage verschlechtert sich, dem Betrieb droht die Insolvenz oder eine Fusion mit dem Verlust von Arbeitsplätzen. Wenn die Verhältnisse nicht so sind, wie sie sein sollten, wünschen sich Menschen Macht, um diese positiv zu verändern. Sie halten Ausschau nach dem »starken Mann«. Wenn man fündig geworden zu sein glaubt, kommt es zur Projektion der Hoffnungen auf die auserwählte Person. Der Psychoanalytiker Sigmund Freud definiert Projektion als »Verfolgen eigener Wünsche in anderen«. Das ist zum Beispiel bei der Partnerwahl so und gilt auch für Freundschaften.

Die Konsequenz der Projektion besteht in der Akzeptanz des Führungsanspruchs der Projektionsfigur. Wenn man jemandem zutraut, Probleme zu lösen, muss man ihn machen lassen – also die notwendigen Befugnisse bzw. Direktionsrechte übertragen. Das haben wir ja in der Geschichte schon häufiger mit unterschiedlichem Ausgang erlebt.

Idealerweise besteht nun der nächste Schritt dieser dynamischen Sequenz in der Identifikation mit dem »Anführer«. Das heißt, je mehr sich jemand mit einer bestimmten Person identifiziert, desto mehr wird er sich im Fühlen, Denken und Handeln an der entsprechenden Person orientieren. Deshalb wünschen sich Unternehmen Mitarbeiter, die sich mit dem Unternehmen und seinen Zielen identifizieren.

Die Dynamik der Führerrolle

Missliche Lage

⇩

Machtwunsch über die Verhältnisse

⇩

Projektion auf einen Anführer

⇩

Akzeptierung des Machtanspruchs

⇩

Identifikation mit dem Anführer

⇩

Partizipation an der Macht

Die Dynamik der Führungsrolle: Projektion und Identifikation nach Sigmund Freud

Am Ende dieses Prozesses winkt eine Belohnung – man partizipiert an der »Macht« des Anführers bzw. der Organisation, für die man arbeitet. Auch die Identifikation mit den Stars in Sport, Film und sonstigen VIPs bewirkt eine Teilhabe am Erfolg (»Wir sind Weltmeister!«).

Nun zur Umsetzung des tiefenpsychologischen Führungsansatzes in ein zeitgemäßes Führungskonzept. In zahlreichen Untersuchungen ließen sich eindeutig zwei Faktoren der »Führungswirksamkeit« belegen:

1. Leistungsorientierung
2. Personenorientierung

Wer will, kann die altmodischen Begriffe »Tüchtigkeit« und »Beliebtheit« verwenden, die das Gleiche meinen. Grundsätzlich lassen sich die Voraussetzungen für einen Führungserfolg dann mit einem Schaubild wie folgt erklären:

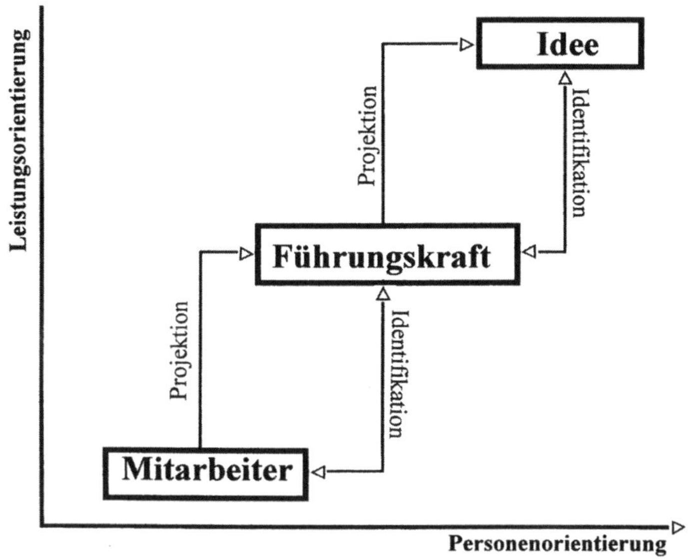

Quelle: P. R. Hofstätter (1972) / Blake und Mouton (1962)

Modell der Führungsrolle

Damit wären die Überlegungen zum Führungserfolg beim eingangs erwähnten verhaltenstheoretischen Ansatz angekommen. Leistungsorientierung und Personenorientierung haben etwas mit dem Verhalten einer Führungskraft zu tun. Leistungsorientierung zeigt sich im Fordern und Personenorientierung im Fördern. Nur wenn sich beide Faktoren im Führungsverhalten im Gleichgewicht befinden, sind Projektion und Identifikation möglich. Wer Mitarbeiter nur als seelenlose Leistungsträger wahrnimmt, die zu funktionieren haben, gefährdet den Führungserfolg ebenso wie jene, die von ihren Mitarbeitern geliebt werden wollen und deshalb im Sinne von Laissez-faire alles laufen lassen. Ein Beispiel aus der Führungspraxis:

Beispiel: Leistungs- versus Personenorientierung !

Eine alleinerziehende Mitarbeiterin bekommt aus der Kita einen Anruf, dass ihr Kind krank sei. Der personenorientierte Vorgesetzte gibt ihr frei und bietet ihr an, im Zweifelsfall den nächsten Tag noch zu Hause zu bleiben. Er verhält sich rücksichtsvoll und empathisch und eignet sich deshalb als Identifikationsfigur. Die ausschließlich leistungsorientierte Führungskraft empfiehlt der Mutter kaltschnäuzig, ihr Privatleben besser zu organisieren.

Und wo bleibt die Führungskraft in diesem Konzept? Auch die Träger von Personalverantwortung brauchen so etwas wie eine »Idee«, auf die sie ihre Wünsche und Hoffnungen projizieren können, und über den Weg der Identifikation können sie sich vitale Energien erschließen. Wer Sinn vermitteln will, muss sich diesen selbst ja auch irgendwo abholen. Meist liegt dieser in einem Geschäftsmodell und den damit verfolgten unternehmerischen Zielen. Aber auch Konzepte wie Nachhaltigkeit und sonstige ethische Grundsätze der Unternehmensführung (Compliance) sind für einen erfolgreichen Führungsprozess relevant. Führungskräfte brauchen eine Vision und eine Mission – sozusagen als Leuchtfeuer für das eigene Handeln.

!

Vision versus Mission

Die Vision

Der ehemalige Bundeskanzler Helmut Schmidt – auch »Schmidt-Schnauze« genannt – war wegen seiner bissigen Sprüche bekannt. »Wer Visionen hat, sollte zum Arzt gehen«. Das empfahl er Willy Brandt als Antwort auf die von ihm entworfenen Visionen im Bundestagswahlkampf 1980.

In der Wirtschaft geht es bei der Formulierung einer Vision um die Frage, was ein Unternehmen zukünftig und langfristig sein und welche strategischen Ziele es erreichen möchte. Eine für alle Mitarbeiter nachvollziehbare und konsequent verfolgte Vision kann die gefühlsmäßige Bindung (Identifikation) an ein Unternehmen erhöhen. Außerdem kann man sich von anderen Unternehmen abheben.

Die revolutionäre Gründungsvision von Microsoft im Jahre 1975 lautete: »A personal computer in every home running Microsoft software.«

Die Mission

Bei einer »Mission« wird die Frage beantwortet, warum es das Unternehmen überhaupt gibt. Es geht also um den Kundennutzen bzw. die Kompetenz, spezifische Probleme lösen zu können. Dabei ist auch der gesellschaftliche Nutzen zu identifizieren und zu formulieren.

So lautet zum Beispiel die Mission des Internationalen Komitees vom Roten Kreuz: »Das Internationale Komitee vom Roten Kreuz ist eine unparteiische, neutrale und unabhängige Organisation, deren ausschließlich humanitärer Auftrag es ist, Leben und Würde von Opfern bewaffneter Konflikte und sonstiger Gewaltsituationen zu schützen und ihnen Hilfe zu leisten.«

6.2 Führungsgrundsätze

Grundsätze sind Aussagen oder Regeln, welche die Basis für Tätigkeiten bilden. Ohne Grundsätze betreibt man Aktionismus und landet im Gestrüpp der Beliebigkeit. Das gilt auch für den Führungsprozess. Mit den folgenden Grundsätzen bekommt man im Führungsalltag Boden unter die Füße:

1. Fordern

Eine Führungskraft hat die Aufgabe, die Einhaltung von Verhaltensstandards – zum Beispiel bezüglich des Umgangs mit Kollegen und Kunden – und das Erreichen vereinbarter Ergebnisse zu fordern. Und sie hat gegebenenfalls nachzuforschen und anzusprechen, wieso die vereinbarte Leistung nicht erbracht wurde. Das kann unangenehm sein – vor allem, wenn man gegebenenfalls sich selbst als leistungsbehindernden Faktor infrage stellen muss.

2. Ziele und Leistung vereinbaren und kontrollieren

»Management by Objectives« (MbO) – eigentlich ein alter Hut. Worum geht es?

- Durch die Partizipation der Mitarbeiter am Zielfindungsprozess soll die Informationsbeschaffung und Identifikation mit den Zielen verbessert werden.
- MbO beinhaltet die Delegation von Entscheidungsbefugnissen an die Mitarbeiter.
- MbO ermöglicht eine regelmäßige Rückkopplung zum Grad der Zielerreichung an die Mitarbeiter.
- MbO koppelt Belohnungen an den Grad der Zielerreichung.

3. Konsensmanagement

Führungskräfte müssen

- Übereinkünfte herstellen,
- einschließen statt ausschließen,
- umsetzen statt durchsetzen.

»Konsens« heißt, etwas »gemeinsam im Sinn« zu haben. Die Sprache als Lehrmeister der Psychologie spricht also eine klare Empfehlung für die Führungskräfte aus: Konsensorientierung ist der Maßstab der Führungskunst. Aber irgendwann muss entschieden werden, d. h. man kann nicht auf den »Letzten« warten. Kajo Neukirchen – ehemaliger Topmanager unter anderem bei der Klöckner-Humboldt-Deutz AG und der Metallgesellschaft (MG) – warnt: »Wenn Sie die Zustimmung aller Beteiligten haben wollen, werden Sie nie etwas umsetzen können.«

4. Dialogisch führen

Dialogisch führen heißt:

- zum Gespräch einladen und den anderen besuchen
- die richtigen Fragen stellen
- formal auf Gesprächssymmetrie achten
- viele Sichtweisen einbeziehen

Die Folgen mangelnder Dialogbereitschaft sind

- Missverständnisse,
- mangelhafte Informationsweitergabe,
- unbefriedigende Aufgabenerfüllung durch unklare Ziele und
- Störungen im Verhältnis zwischen Vorgesetztem und Mitarbeitern.

5. Vertrauen

Vertrauen reduziert Kontrollkosten, wirkt motivierend und entwickelt das Potenzial von Mitarbeitern. Niklas Luhmann zur Erinnerung: »Im Akt des Vertrauens wird die Komplexität der zukünftigen Welt reduziert.« Aber – so Luhmann weiter – Vertrauen ist eine »riskante Vorleistung«. Man muss also viel über jene wissen, denen man Vertrauen schenken möchte.

6. Demotivation vermeiden

Mitarbeiter O-Ton: »Mein Chef muss mich nicht motivieren. Es reicht völlig aus, wenn er mich nicht demotiviert.« Es sind immer dieselben Muster, die Mitarbeiter demotivieren:

- Der Vorgesetzte kann und weiß immer mehr als die Mitarbeiter.
- Der Vorgesetzte trifft einsame Entscheidungen.
- Der Vorgesetzte äußert überzogene, lautstarke, unsachliche und anmaßende Kritik.
- Der Vorgesetzte zieht ein Thema in Sekundenschnelle an sich.
- Mitarbeiter werden übersehen, wie Luft behandelt.
- Mitarbeiter bekommen unzureichende und verspätete Informationen.

Die hier erörterten Grundsätze sind zeitlos. Mitarbeiter möchten für voll genommen und anständig behandelt werden. Dennoch müssen Unternehmen nicht »auf Kirche machen«, sondern Erlöse erwirtschaften, denn sonst gibt es sie bald nicht mehr. Das ist die Funktion von Führung und Führungsgrundsätzen. Und wer das Streben nach Profit und Gewinnmaximierung für unanständig hält, kann an der Übernahme von Führungsverantwortung nur scheitern. Tenor: andere Zahlen oder andere Gesichter!

7 Vom Führungsanspruch zum Führungserfolg: Führungsinstrumente

In diesem Kapitel geht es um die Niederungen des Alltags. Was tun, wenn Mitarbeiter sich nicht so verhalten, wie man es von ihnen erwartet? Wie reagieren, wenn vereinbarte Ziele nicht erreicht werden und man selbst Druck von oben bekommt? Führungsgrundsätze sind unverzichtbar, aber sie müssen umgesetzt werden. Und dafür gibt es Führungsmittel.

7.1 Information

Wenn in Betrieben Umfragen zur Arbeitszufriedenheit durchgeführt werden, wird als wesentliches Defizit die mangelhafte Kommunikation genannt. Der Informationsaustausch klappt nicht so, wie er zwischen Kolleginnen und Kollegen, zwischen Mitarbeitern und Vorgesetzten und zwischen Abteilungen und Unternehmensbereichen klappen sollte.

»Uns sagt ja keiner was!« – »Wir erfahren alles als Letzte!« – »Davon weiß ich nichts!« Derartige Klagen sind symptomatisch für viele Unternehmen und bedeuten nichts Gutes. Man muss nach innen stark sein, um nach außen überzeugend wirken zu können. Und man kann nur stark sein, wenn man gut informiert ist und sich gut informiert fühlt.

Der Schweizer Psychologe Hermann Rorschach hat in den 1920er-Jahren einen interessanten Test entwickelt. Der Test basiert auf Klecksfiguren, die er Testpersonen mit der Bitte vorlegte, diese zu deuten (»Was sehen Sie?«). Die Versuchspersonen »erkannten« in den sinnlosen Gebilden Bären, Raketen, Champagnerflaschen, Beckenknochen, Hasen, Teufelsfratzen und Gnome. Rorschach kam in seinen weiteren Untersuchungen zu dem Schluss, dass die unterschiedlichen Deutungen etwas mit der Persönlichkeit der Betrachter zu tun haben müssen und leitete daraus Aussagen über Charaktereigenschaften ab.

Der Rorschach-Test: Symbol der modernen Seelenkunde? !

Dieser Test gehört zu den projektiven Verfahren in der Persönlichkeitsdiagnostik. Es wird unterstellt, dass Probanden durch ihre Deutungen etwas über ihr Innenleben preisgeben. Was sehen Sie hier?

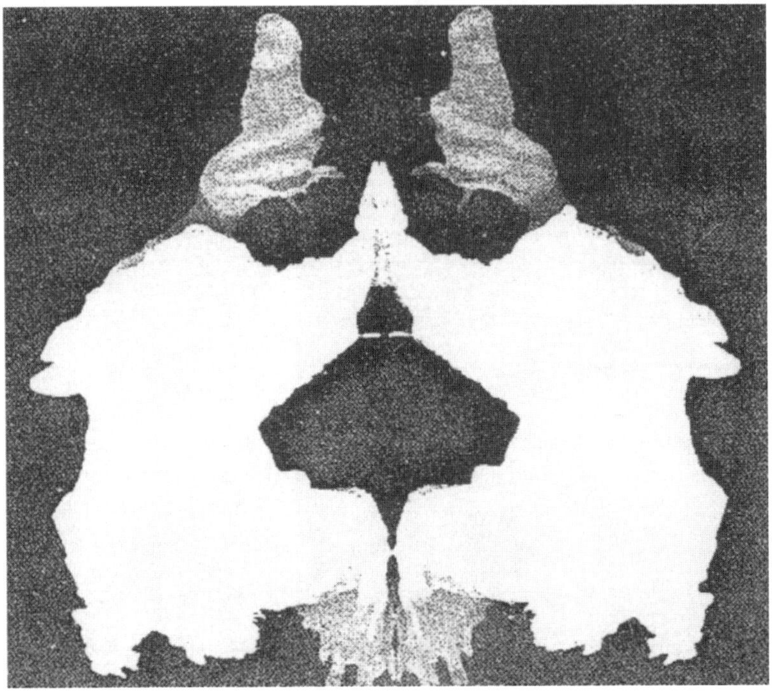

Kleckfigur von Rorschach

Der kanadische Arzt James Wood hat den Rorschach-Test vor einiger Zeit ins Netz gestellt und damit einen Shitstorm ausgelöst. Sie sehen den Totenschädel einer Kuh? Ihr Wirklichkeitssinn ist getrübt und außerdem haben Sie Beziehungsprobleme. Wer Tangotänzer sieht, kommt psychodiagnostisch deutlich besser weg. Verwunderlich ist, dass dieser Test in einem deutschen Fachverlag immer noch zu haben ist und vor allem im angelsächsischen Raum eine recht hohe Akzeptanz genießt.

Hier soll auf die eignungsdiagnostische Brauchbarkeit dieses Verfahrens nicht näher eingegangen werden. Tatsache ist aber, dass Menschen mehr oder weniger stark dazu neigen, unklare Strukturen mit Sinn aufzuladen. Für den Führungsalltag bedeutet dies: Je schlechter Mitarbeiter informiert werden, umso mehr machen sie sich ihren eigenen Reim auf die tatsächlichen Verhältnisse bzw. Ziele und Absichten des Unternehmens.

In der Psychologie spricht man in diesem Zusammenhang – wie bereits eingangs im Zusammenhang mit der VUCA-Welt erwähnt – von einem eigenständigen Persönlichkeitszug, der »Intolerance of Ambiguity«. Gemeint ist damit die Furcht vor Mehrdeutigkeiten bzw. unklaren Verhältnissen. »Wir wollen wissen, woran wir sind« lautet die berechtigte Forderung der Mitarbeiter.

Wer dieses Anliegen nicht ernst nimmt, muss mit heftiger Kritik im Intranet und Internet rechnen. Als der Commerzbank-Vorstand Martin Ziehlke einer Betriebsversammlung anlässlich der geplanten Fusion von Commerzbank und Deutscher Bank fernblieb, wurde ihm Desinteresse am Wohl der Mitarbeiter vorgeworfen. Seine Reaktion: »In puncto Dialogkultur können wir noch besser werden«.[5]

Das für den Führungsprozess und die Unternehmenskultur bedrohliche Fazit lautet: Wenn nicht hinreichend informiert wird, wird eben wahrnehmungspsychologisch nachgebessert. Und dies meist nicht im Sinne der Führungskraft und des Unternehmens.

7.1.1 Gerüchte

Der britische Soziologe und Publizist Cyril Northcote Parkinson formulierte einmal recht drastisch: »Wo immer in der Kommunikation ein Vakuum entsteht, werden Gift, Müll und Unrat hineingeworfen.« Gerüchte sind fast immer destruktiv und werden von Führungskräften und Unternehmen ausgelöst, die schlecht informieren.

Gerade in diesen unruhigen Zeiten, in denen nach der Restrukturierung vor der Restrukturierung ist und viele sich besorgt fragen, worauf sie sich gefasst machen müssen, kommt der Informationspolitik eine hohe Bedeutung zu. Wenn Führungskräfte hier versagen, bleibt als Informationsquelle oft nur der Flurfunk – also der informelle Informationskanal.

Sechs Thesen über Gerüchte

1. Gerüchte treten in Situationen auf, die als bedrückend oder bedrohlich empfunden werden. Sie machen eine Situation überschaubar und verständlich.
2. Gerüchte breiten sich schnell aus, weil der Erzähler an jeder Stelle der Weitergabe einen Prestigeerfolg einheimsen kann.
3. Die Erzähler von Gerüchten neigen während des Kursierens zunehmend dazu, ihre Berichte selbst für wahr zu halten.
4. Gerüchte verändern sich im Zuge der Weitergabe auch inhaltlich, weil die Empfänger das herauslesen, was ihrer eigenen Einstellung entspricht.
5. Mitteilungen, die man ausdrücklich als Gerücht deklariert, werden leichter, d. h. ohne kritische Sichtung aufgenommen – hinsichtlich ihrer Wirksamkeit auf die Einstellung der Empfänger unterscheiden sie sich aber nach einiger Zeit kaum mehr von Berichten über sorgfältig geprüfte Tatsachen.
6. Je strenger eine Institution ihr »Nachrichtenwesen« kontrolliert bzw. je unzureichender sie informiert, umso mehr Aktivität wird sie im zweiten Kommunikationskanal, dem der Gerüchte, in Kauf nehmen müssen.

5 FAZ vom 23.3.2019

Umgang mit Gerüchten

Und wie geht man als Betroffener mit Gerüchten bzw. übler Nachrede um? Die »Antwort« auf ein Gerücht hängt von folgenden Überlegungen ab:

- Ist es zutreffend? Vorsicht: Manche Gerüchte enthalten das sprichwörtliche Körnchen Wahrheit.
- Wie hoch ist der zu erwartende Schaden? Gerüchte können das Ende der Karriere bedeuten oder einem den Job kosten. Man denke an das üble Schicksal des Wetterexperten Jörg Kachelmann, der nach einem erfundenen Vergewaltigungsvorwurf jahrelang um die Wiederherstellung seiner Reputation kämpfen musste.
- Ist das Ehrenmoment betroffen? Wenn es zum Beispiel um persönliche Compliance-Verstöße wie Bestechung oder Bestechlichkeit geht, ist das Risiko, existenziell beschädigt zu werden, besonders groß.
- Wer könnte hinter dem Gerücht stecken?
- Kursiert es intern oder auch extern? Wenn die eigene Reputation intern lädiert ist, kann man sich gegebenenfalls einen anderen Arbeitgeber suchen. Besonders tragisch ist es, wenn man aufgrund von Gerüchten in der gesamten Branche »verbrannt« ist.
- Ist es auf eigene unzulängliche Kommunikation zurückführbar?
- Wie lange wird sich das Gerücht halten? Gerüchte haben einen Lebenszyklus, der mit dem von Produkten zu vergleichen ist. Zunächst ist eine ansteigende Aufmerksamkeit zu registrieren, dann wird ein Kulminationspunkt erreicht – die Gerüchteküche brodelt – und dann verflacht das Interesse. Gerüchte haben also ein Verfallsdatum. Dennoch gilt auch heute noch die Warnung der Lateiner: »Semper aliquid haeret« – es bleibt immer etwas hängen. Übles Gerede darf man also nicht auf die leichte Schulter nehmen.

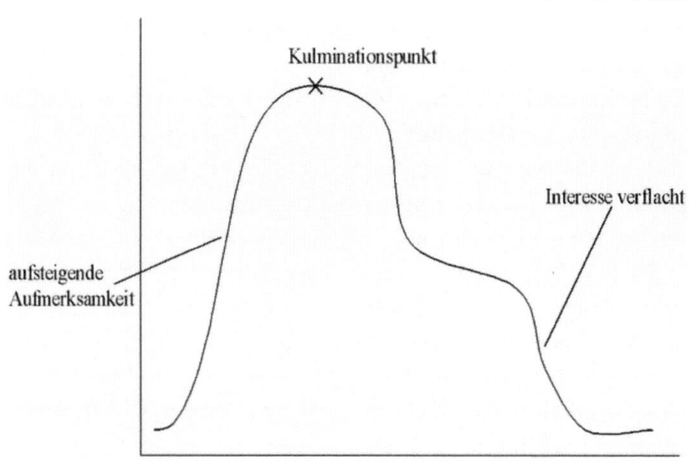

Lebenszyklus von Gerüchten

Beispiel: Erhebliche Ehrverletzung !

Eine Frau schreibt ihrer Kollegin auf WhatsApp, dass der Vater des Geschäftsführers ein Verbrechen begangen habe. Als der das hört, entlässt er die Angestellte.
Arbeitnehmer sollten beim Chatten mit Kollegen vorsichtig sein – insbesondere, wenn es um die Verbreitung von Gerüchten geht. Das geht aus einem Urteil vom Landesarbeitsgericht Baden-Württemberg in Stuttgart hervor (Az.: 17 Sa 52/18).
Die Begründung: Die Mitarbeiterin habe sich nachweisbar wahrheitswidrige Behauptungen zu eigen gemacht und habe in dem WhatsApp-Chat nicht nur den Vater des Geschäftsführers erheblich in Misskredit gebracht, sondern auch das Ansehen der Firma geschädigt und den Betriebsfrieden »nachhaltig gestört«.[6]

7.1.2 Leitfaden zum Führungsinstrument »Information«

Wozu?/Ziel

- stärkere Identifikation mit der Aufgabe und dem Unternehmen
- Verringerung von Reibungsverlusten und Missverständnissen

Bedeutet für

- Mitarbeiter
  - fühlen sich ernst genommen (andernfalls: »Uns sagt ja keiner was!«)
  - werden zum Denken im betrieblichen Gesamtzusammenhang angeregt
  - können zielorientierter mitarbeiten
- Führungskräfte
  - Motivationseffekt in der Belegschaft
  - mehr Delegationsmöglichkeiten an gut informierte Mitarbeiter
  - weniger Missverständnisse z. B. innerhalb und zwischen Teams/Projektgruppen
- Unternehmen
  - weniger Fehler aufgrund mangelnder Kenntnis der betrieblichen Zusammenhänge
  - Vorbeugung gegen Gerüchtebildung
  - stärkere Mitarbeiterbindung

Wie?

- rechtzeitig
- klar und eindeutig
- nach Art der Information differenzieren: mal umfassend für alle, mal funktionsspezifisch

6 Quelle: KarriereSPIEGEL 15.07.2019

- nicht ausschließlich im Rahmen eines festen »Meetings«/bei aktuellen Anlässen spontan (»Management by walking around«)

7.2 Weisung

Wem hat man zu berichten, wer ist wem gegenüber weisungsbefugt bzw. hat Weisungen zu befolgen? Das sind Kernpunkte einer jeden Stellenbeschreibung. Warum aber gibt es noch ein Direktionsrecht (Weisungsrecht) des Arbeitgebers in Zeiten von Scrum-Mastern, Kanban Boards und Business Agility?

Das Weisungsrecht hat den Zweck, den Arbeitgeber in die Lage zu versetzen, den Arbeitnehmer entsprechend den wechselnden betrieblichen Erfordernissen einzusetzen. Ohne ein solches Recht wäre ein vom Arbeitgeber gesteuerter, geordneter Betriebsablauf nicht möglich. Die Ausübung des Weisungsrechts konkretisiert in einer rechtlich verbindlichen Weise die Arbeitspflicht des Arbeitnehmers, d. h. dieser muss Weisungen befolgen.

7.2.1 Weisungsrecht

Welchen Inhalt hat das Direktionsrecht, d. h. worauf bezieht es sich? Gemäß § 106 der Gewerbeordnung (Weisungsrecht des Arbeitgebers) kann der Arbeitgeber

- den Inhalt,
- den Ort und
- die Zeit

der Arbeitsleistung »nach billigem Ermessen« näher bestimmen, soweit diese Arbeitsbedingungen nicht durch den Arbeitsvertrag, Bestimmungen einer Betriebsvereinbarung oder eines anwendbaren Tarifvertrags oder durch gesetzliche Vorschriften festgelegt sind. Dies gilt auch hinsichtlich der Ordnung und des Verhaltens der Arbeitnehmer im Betrieb. Bei der Ausübung des Ermessens hat der Arbeitgeber auch auf Behinderungen des Arbeitnehmers Rücksicht zu nehmen.

Die eigentliche Führungskunst besteht nun darin, vom Weisungsrecht so wenig wie möglich Gebrauch zu machen. Wer Führung mit Anordnen verwechselt, ist schon gescheitert. Wer sich seinen Führungsanspruch »abkaufen« lässt, ist es allerdings auch.

7.2.2 Leitfaden zum Führungsinstrument »Weisung«

Wozu?/Ziel

- eindeutige Aufgabenverteilung bzw. -zuweisung
- Vermeidung von Redundanzen und Aufgabenüberschneidungen

Bedeutet für

- Mitarbeiter
  - weiß, was zu tun ist
  - kennt seine Verantwortlichkeiten
- Führungskräfte
  - weiß, wer was macht und wer wofür verantwortlich ist
  - kann Erfolge, Misserfolge, Unterlassungen und Fehler auf bestimmte Personen zurückführen
- Unternehmen
  - klare Abläufe/Prozesse
  - weniger Unterlassungen dadurch, dass sich niemand zuständig fühlt bzw. hinter einem Team »versteckt«

Wie?

- eindeutig in der Sache, verbindlich im Ton
- sagen, warum etwas getan werden muss (falls es nicht selbstverständlich ist)
- Aufgabe im betrieblichen Gesamtzusammenhang darstellen bzw. erläutern (»Big Picture« zeigen)

7.3 Anerkennung

»Haben Sie Ihr Kind heute schon gelobt?« Derartige Aufkleber sah man früher häufiger auf der Heckscheibe von Autos. Dieser als Frage versteckte Appell ist Unfug. Jede wohlgemeinte Geste verbraucht sich, wenn sie grundlos ist. Auch Lob und Anerkennung unterliegen, wenn es zu viel davon gibt und der Gegenwert nicht stimmt, einer inflationären Entwicklung. Wer mit dem Führungsmittel »Anerkennung« nicht sorgfältig umgeht, macht es wirkungslos und sich selbst unglaubwürdig.

Das soll hier nicht heißen, dass in deutschen Betrieben zu viel gelobt wird, aber das darf auch nicht auf die banale Forderung an die Führungskräfte hinauslaufen, ihren Mitarbeitern häufiger Nettigkeiten zu sagen. Eine Handlung kann ein Lob und eventuell auch eine Belohnung erst nach dem Ergebnis zur Folge haben. Alles andere ist Heuchelei und oft gegenüber anderen ungerecht.

Natürlich möchten Mitarbeiter wissen, ob und wie ihr Verhalten bzw. ihre Leistungen bei der Führung ankommen. »Hier kann man sich ja noch so viel Mühe geben, das merkt ja doch keiner!« Wenn derart resignierende Worte die Runde machen, liegt einiges im Argen. Kein Zweifel: Lob fördert das Selbstwertgefühl und vermittelt seelischen Rückenwind. Aber eben nicht grundsätzlich und immer. So gibt es in Arbeitszeugnissen – insbesondere in Zwischenzeugnissen – manchmal ein »vergiftetes Lob«, das darin besteht, dass es ein potenzieller neuer Arbeitgeber für unglaubwürdig hält. »Wegloben« heißt der Befund unter Personalern.

7.3.1 Unterschiede sehen und machen

Es gilt zwischen leistungsstarken und leistungsschwächeren Mitarbeitern zu differenzieren. Etwa in dem Sinne, dass bei (noch) weniger leistungsfähigen Mitarbeitern positive Ansätze besonders anerkannt werden. Das schafft meist seelischen Rückenwind. Wenn man als Vorgesetzter einen »High Performer« lobt, weil dieser pünktlich am Arbeitsplatz erscheint oder einfach seinen Job macht, wird der sich veralbert fühlen.

Wie zum Beispiel soll man es als Führungskraft mit dem folgenden japanischen Führungsgrundsatz halten: »Lobe niemanden in Anwesenheit anderer.« Gemeint ist damit der Umstand, dass sich unter den Anwesenden mit Sicherheit jemand befinden dürfte, der sich übergangen fühlt: »Ich habe neulich auch was Tolles gemacht und mein Chef hat mich nicht gelobt.«

Das Führungsmittel »Anerkennung« ist also eine subtile Angelegenheit.

7.3.2 Leitfaden zum Führungsinstrument »Anerkennung«

Wozu?/Ziel
- Anspruch auf Feedback erfüllen
- Motivation und Mitarbeiterbindung schaffen

Bedeutet für
- Mitarbeiter
  - vermittelt »seelischen Rückenwind«
  - fördert das Selbstwertgefühl
- Führungskräfte
  - mehr Leistungsbereitschaft bzw. -freude
  - bessere Beziehung zu den Mitarbeitern

- Unternehmen
  - besseres Betriebsklima
  - mehr Identifikation/Commitment

Wie?
- bei konkretem Anlass
- möglichst individuell/nicht pauschal
- glaubwürdig/nicht nach Laune
- nicht entwerten, indem man inflationär und ständig lobt
- zwischen leistungsstarken und leistungsschwachen Mitarbeitern mit Potenzial differenzieren (bei weniger leistungsfähigen Mitarbeitern bereits positive Ansätze würdigen)

7.4 Kritik

Ein Vorgesetzter, der seine Mitarbeiter nicht kritisieren mag, braucht sie auch nicht zu loben. Anerkennung erhält ihren Wert erst dadurch, wenn alle wissen, dass er auch Fehler anspricht und moniert. Ein Lob der Kritik!

Kritik soll sachlich formuliert werden – so lautet die Forderung und dann gäbe es auch keine Probleme. Das geht an der Wirklichkeit meist vorbei. Wer als Einzelperson sachlich kritisiert wird und sich gefühlsmäßig nichts daraus macht, neigt entweder zum Autismus oder ihm ist es schnuppe, was sein Vorgesetzter sagt. Beides kann nicht zu einer Änderung des Verhaltens bzw. der Leistungen führen.

Lassen wir den Philosophen zu Wort kommen, der zugleich ein anerkannter Kritiker war – nämlich Henri-Frédéric Amiel: »Kritik ist vor allem eine Gabe, eine Intuition, eine Sache des Takts und des Spürsinns; sie kann nicht gelehrt oder gezeigt werden – sie ist eine Kunst.« In der Fähigkeit, Kritik konstruktiv zu formulieren, zeigt sich die Kompetenz der Führungskraft ganz besonders deutlich.

Wer das Bedürfnis hat, an einem Menschen etwas Tadelnswertes zu finden, braucht nicht lange zu suchen. So spricht der Volksmund. Die Fähigkeit, aufbauende Kritik zu üben, hängt eng mit der Gefühlshygiene des Kritisierenden zusammen. Wer mit sich selbst oder den Verhältnissen im Unfrieden lebt, kann kein guter Kritiker sein.

Außerdem gibt es Menschen, die sich seelisch dadurch stabilisieren, dass sie andere herabsetzen. Hans Christian Andersen erzählt in einem seiner Märchen von einer Herrschaft, die einen Gärtner namens Larsen hatte und einen Lieblingssatz, mit dem sie das Ergebnis seiner Bemühungen regelmäßig zu kommentieren pflegte: »Dieses Jahr wurde es nichts, guter Larsen.« In Wirklichkeit, meint Andersen, nahmen die Leute dem Gärtner seinen Erfolg übel und stellten seinem Können bei jeder Gelegenheit die Tatsache gegenüber, dass sie die Herrschaft waren – sie konnten Larsen jederzeit kündigen. Doch, fügt Andersen hinzu, »das taten sie nicht, sie waren gute Menschen und das ist erfreulich für jeden Larsen«. Die unverdiente Kränkung Niedriggestellter durch Hochgestellte – dies war Hans Christian Andersens Hauptthema.

Auch in Unternehmen werden Mitarbeiter unnötig gekränkt – aus Ahnungslosigkeit, aus Taktlosigkeit und manchmal auch aus purer Arroganz.

7.4.1 Kritisches Feedback geben und nehmen

Kritikfähigkeit – also die Fähigkeit zur Kritikausübung und Kritikannahme – gehört für Personaler zu den Top Ten der geforderten Soft Skills. Aus gutem Grund: Kritikfähigkeit ist die Grundvoraussetzung für persönliche Entwicklung und damit auch für die Entwicklung eines Unternehmens. Eine Kultur ohne Kritik bzw. kritikfähige Menschen ist keine Kultur.

Wenn die Unternehmenskultur es nicht zulässt, Geschäftsmodelle und Prozesse kritisch zu hinterfragen, hat dieses Unternehmen seine Zukunft bald hinter sich. Man denke an Arcandor bzw. Karstadt, das von dem Manager Thomas Middelhoff – intern ehrfürchtig »Big T« genannt – an die Wand gefahren wurde. »Seine Entscheidungen habe ich als gottgegeben hingenommen«, sagte seine frühere Chefsekretärin im Betrugsprozess gegen denselben vor dem Landgericht Essen aus. Heute wird das »Jesus-Syndrom« (kann über Wasser laufen), an dem manche Manager leiden und das sie gegen jegliche Kritik immunisiert, auch »Middelhoff-Syndrom« genannt.

Kritikfähigkeit hat mehrere Aspekte. Da ist zum einen die Bereitschaft, Kritik anzuhören bzw. zuzulassen und zum anderen die Fähigkeit und der Mut, Kritik zu äußern. Häufig trifft Kritik auf taube Ohren, weil sie wehtut und das Selbstwertgefühl beeinträchtigt. Das gilt insbesondere für Menschen, die von ihrer eigenen Vorzüglichkeit überwältigt sind. Wie lautet doch eine Formel des Scheiterns? Wer nur hören will, was gefällt, lebt gefährlich. Aber auch dieser Grundsatz gilt: Wer nur sagt, was gut ankommt, ist gefährlich. »Der Schmeichler ist ein Bösewicht«, befanden die Gebrüder Jakob und Wilhelm Grimm.

Konformismus, Opportunismus und falsch verstandene Loyalitäten haben in den letzten Jahren in deutschen Unternehmen einen immensen Schaden angerichtet. Das wie auch immer motivierte Mitmachen oder Wegschauen hat den Unternehmen hohe Strafen und enorme Reputationsverluste eingebracht. Der Kritik und der Kritikfähigkeit gebührt folglich großes Lob.

In der Persönlichkeitspsychologie gilt der Grundsatz, dass Schwächen, derer man sich bewusst ist, einem weniger schaden werden. Und damit ist ein weiterer Aspekt der Kritikfähigkeit angesprochen – die Selbstkritik. Man soll sich nicht unterschätzen, denn wer sich unterschätzt, lotet die Grenzen des eigenen Potenzials nicht aus – geschweige denn, dass er über diese hinauswächst. Wer sich allerdings notorisch überschätzt, wird irgendwann an der eigenen Überheblichkeit scheitern. Die Fähigkeit zur Selbstkritik ist durchaus eine persönliche Stärke – insbesondere bei Führungskräften.

ARBEITSHILFE ONLINE

Test: Wie selbstkritisch bin ich?

1. Meine Essmanieren sind zu Hause anders als in einem Top-Restaurant.
☐ stimmt ☐ stimmt nicht
2. Ich erreiche immer die Ziele, die ich mir gesetzt habe.
☐ stimmt ☐ stimmt nicht
3. Ich bin am Ende eines langen Arbeitstages manchmal müde.
☐ stimmt ☐ stimmt nicht
4. Ich kann ohne Schwierigkeiten und ohne rückfällig zu werden, alte Gewohnheiten ablegen.
☐ stimmt ☐ stimmt nicht
5. Es gelingt mir immer, meine Gefühle vollkommen zu beherrschen.
☐ stimmt ☐ stimmt nicht
6. Ich sage immer die Wahrheit.
☐ stimmt ☐ stimmt nicht
7. Manchmal klatsche ich ein wenig über andere Leute.
☐ stimmt ☐ stimmt nicht
8. Ich finde es ziemlich schwierig, andere Menschen richtig zu beurteilen.
☐ stimmt ☐ stimmt nicht

Testauswertung

Einen Punkt für die Fähigkeit zur Selbstkritik gibt es für die folgenden Kreuzchen:

Aufgabe 1: stimmt
Aufgabe 2: stimmt nicht
Aufgabe 3: stimmt
Aufgabe 4: stimmt nicht
Aufgabe 5: stimmt nicht
Aufgabe 6: stimmt nicht
Aufgabe 7: stimmt
Aufgabe 8: stimmt

Interpretation

0–2 Punkte: Selbstzweifel werden Ihnen auf dem Weg nach oben nicht in die Quere kommen. Dafür aber Konkurrenten, die Ihre mangelnde Selbstkritik auszunutzen wissen.
3–5 Punkte: Das angenehme Gefühl, vieles besser zu wissen und zu können, ist Ihnen nicht ganz fremd. Aber Sie bemühen sich, dies andere nicht ständig merken zu lassen.

6–8 Punkte: Sie wissen, dass einen die Kenntnis der eigenen Schwächen langfristig nur stärker machen kann. Sie trauen auch anderen etwas zu, verwechseln Delegation nicht mit dem Abschieben von lästigen Aufgaben und können sich über gute Ideen freuen, auch wenn diese nicht von Ihnen selbst stammen.

7.4.2 Leitfaden zum Führungsinstrument »Kritik«

Wozu?/Ziel

- fehlerhafte Zustände bzw. falsches Verhalten möglichst dauerhaft korrigieren
- Personalentwicklung

Bedeutet für

- Mitarbeiter
  - Chance zur Korrektur
  - Verbesserung von Kenntnissen und Fertigkeiten
- Vorgesetzte
  - verhindert, dass sich falsche bzw. fehlerhafte Verhaltensweisen »einschleifen«
  - mehr Glaubwürdigkeit bei Anerkennung von Leistungen/Verhaltensweisen
  - Führungsanspruch
- Unternehmen
  - Verbesserung der Qualität von Produkten und Dienstleistungen
  - Verbesserung der Prozesse
  - Mobilisierung von Kreativität

Wie?

- unter vier Augen
- sachlich und auf das Wesentliche beschränkt
- aufbauend/konstruktiv
- Unterstützung anbieten
- auf die eigene Gefühlshygiene achten: nicht nach Laune kritisieren!

7.5 Delegation

Die Führungskraft, die nicht von sich behauptet, Aufgaben und Verantwortung an Mitarbeiter zu delegieren, muss erst noch erfunden werden. Bei Lichte betrachtet handelt es sich jedoch oft um das Abschieben lästiger Routinetätigkeiten, wenn von Delegation gesprochen wird.

Natürlich sollen Führungskräfte den sogenannten Alltagskram anderen überlassen, weil sie selbst dafür in der Regel zu teuer sind und vor allem keine Zeit für taktische oder strategische Aufgaben bleibt. Wenn sie allerdings alles, was der Profilgewinnung dienen könnte oder interessant ist, grundsätzlich an sich reißen, verweigern sie ihren Mitarbeitern die Chance, sich an Aufgaben »hochzuranken«.

Hier wird Potenzial vergeudet. Zuweilen aus zynischer Ahnungslosigkeit (»Die sind doch froh, wenn sie nicht denken müssen!«), oft aus Eitelkeit (»Keiner kann es so gut wie ich!«) und meist aus mangelnder Risikobereitschaft (»Wenn es schiefgeht, muss ich dafür büßen.«).

Eine Führungskraft muss sich nicht für alles verantwortlich fühlen, heißt es gern unter Hinweis auf Work-Life-Balance und Burn-out. Dem ist zu widersprechen. Für das, was im eigenen Verantwortungsbereich passiert, hat man den Kopf hinzuhalten. Und wer das nicht möchte, sollte keine Personalverantwortung übernehmen. Was sagte einmal ein Kollege des Autors? »Wenn ich jetzt über den von mir persönlich geschätzten Mitarbeiter weiterhin die Hand halte, bin ich demnächst selbst fällig.«

7.5.1 Delegation und situative Führung

Als Heide Simonis, Ministerpräsidentin von Schleswig-Holstein wegen einer Panne in ihrer Staatskanzlei zum Rücktritt aufgefordert wurde konterte sie:

»Wenn ich Verantwortung nach unter delegiere, dann deshalb, weil ich dem da unten zutraue, dass er das kann. Das heißt dann aber auch, dass die Alte da oben nicht zurücktritt, wenn der da unten Mist gebaut hat.«

Das geht gar nicht, ist aber Praxis, wenn man sich die jüngsten Skandale in der Automobilindustrie oder den Banken anschaut. Man bringt ein Bauernopfer, um die eigene Haut zu retten.

Kompetenz und Haftung gehören zusammen. Wer dieses Prinzip aushöhlt, beschädigt die Grundlagen unserer wirtschaftlichen Existenz. Wer »Mist baut«, muss mit Konsequenzen rechnen, aber derjenige, der einen Mitarbeiter überfordert bzw. sein Potenzial falsch einschätzt, eben auch. Zur Erinnerung: »Vertrauen ist eine riskante Vorleistung« und das Risiko hat die delegierende Führungskraft zu tragen.

Autoritär, integrativ, demokratisch, laissez-faire – die meisten propagierten Führungsstile orientieren sich am Gießkannenprinzip. Was für den einen gut ist, ist für alle gut. Damit wird man der Wirklichkeit nicht gerecht. Wenn man einen App-Entwickler dafür lobt, dass er immer pünktlich an seinem Arbeitsplatz erschienen sei, macht man sich als Vorgesetzter lächerlich. Wenn man einem Mitarbeiter mit Alkoholproblemen nach der Entziehungskur wissen lässt, dass sich seine Ergebnisse verbessert hätten, ist das durchaus angemessen und konstruktiv. Deshalb wird hier für einen »situativen Führungsstil« plädiert.

!

Führung muss sich an der Reife der Mitarbeiter orientieren

Das sind die Kernfragen bei der Delegation:

- An wen kann ich welche Aufgaben delegieren?
- Bei wem hält sich das Risiko des Scheiterns aufgrund gegebener Kompetenzen in Grenzen?
- Bin ich bereit, das mögliche Scheitern des Mitarbeiters als Führungskraft auf die eigene Kappe zu nehmen?

Vor diesem Hintergrund wurde von Hersey und Blanchard das Konzept der »situativen Führung« entwickelt, das sich an der Reife der Mitarbeiter orientiert. Reife wird aufgefächert nach zwei Aspekten:

- fachliche Reife
- persönliche Reife

Diese Dimensionen der Reife sind individuell zu diagnostizieren und daran ist das Führungsverhalten anzupassen.

- Fall 1: Fachkompetenz, Verantwortungsbewusstsein und Eigeninitiative sind begrenzt: Führung durch Unterweisung und Anweisung.
- Fall 2: Verantwortungsbewusstsein und Eigeninitiative sind vorhanden, aber die Fachkompetenz fehlt: Schwierigkeitsgrad der Anforderungen kontrolliert erhöhen.
- Fall 3: Fachkompetenz ist gegeben, aber Eigeninitiative und Motivation sind gering: Beteiligung an Prozessen und Entscheidungen.
- Fall 4: Fachkompetenz, Verantwortungsbewusstsein und Eigeninitiative sind vorhanden: Delegation von Verantwortung.

7.5.2 Leitfaden zum Führungsinstrument »Delegation«

Wozu?/Ziel

- Mitarbeiterförderung/Personalentwicklung
- Mitarbeiterzufriedenheit fördern

Bedeutet für

- Mitarbeiter
  - Motivation/Anerkennung/Selbstvertrauen
  - Entfaltung der eigenen beruflichen Handlungskompetenzen
  - Möglichkeit, sich zu profilieren
- Vorgesetzte
  - mehr Zeit für das Wesentliche (kann Prioritäten setzen)
  - zunehmend kompetentere Mitarbeiter
  - weg von der Haltung: alles über meinen Tisch!

- Unternehmen
  - Entwicklung des Mitarbeiterpotenzials
  - höhere Effizienz

Wie?
- das individuelle Leistungsvermögen und die spezifischen Kenntnisse berücksichtigen
- nach der Delegation einer Aufgabe nicht »über die Schulter schauen«, sondern das Ergebnis abwarten (Mut zum Risiko!)
- nicht nur die lästigen Aufgaben »abschieben«, sondern ernsthaft delegieren.

7.6 Kontrolle

Das Führungsmittel »Kontrolle« ist emotional negativ besetzt, denn Kontrolle bedeutet, dass jemand Macht über den zu Kontrollierenden hat. Jeder kennt das von der Fahrkartenkontrolle oder Fahrzeugkontrolle im Straßenverkehr und weiß, dass das Ergebnis Konsequenzen haben kann.

Hier geht es deshalb um eine besonders schwierige Anforderung an Führungsnachwuchskräfte. Die Mahnung, dass Vertrauen gut, aber Kontrolle besser sei, gehört zu den Klassikern dieser Thematik. Doch die dem russischen Revolutionär Lenin zugeschriebene Parole war einer der verhängnisvollsten Konstruktionsfehler marxistisch-leninistischer Gesellschaftmodelle. Die DDR ist nicht zuletzt an ihrem aberwitzigen Kontrollapparat zugrunde gegangen. Zum einen, weil er ungeheure Ressourcen verschlungen hat, und zum anderen, weil er die Moral der Bevölkerung ruinierte. Das gilt sinngemäß auch für Organisationen und Unternehmen.

In Franz Kafkas »Schloß« gibt es im Verwaltungsapparat der Residenz einen gewissen Referenten namens Sordini, der dem Landvermesser K. von einem Dorfvorsteher wie folgt beschrieben wird: »Übrigens ist es mir noch nie gelungen, ihn mit Augen zu sehen, er kann nicht herunterkommen, er ist zu sehr mit Arbeit überhäuft, sein Zimmer ist mir so geschildert worden, daß alle Wände mit Säulen von großen, aufeinandergestapelten Aktenbündeln verdeckt sind, es sind dies nur Akten, die Sordini gerade in Arbeit hat, und da immerfort den Bündeln Akten entnommen und eingefügt werden und alles in großer Eile geschieht, stürzen diese Säulen immerfort zusammen und gerade dieses fortwährende, kurz aufeinanderfolgende Krachen ist für Sordinis Arbeitszimmer bezeichnend geworden.« An einer Stelle unterbricht der Landvermesser K. die Schilderung des Dorfvorstehers: »Die Wirtschaft ist ja nach ihrer Darstellung eine derartige, daß einem bei der Vorstellung, die Kontrolle könnte ausbleiben, übel wird.« Darauf antwortet der Vorsteher: »Nur ein völlig Fremder kann Ihre Frage stellen. Ob es Kontrollbehörden gibt? Es gibt nur Kontrollbehörden.« Manche Zeitgenossen sehen in dieser Schilderung einen prognostischen Blick auf die bisweilen kafkaesk anmutende EU-Bürokratie.

Wer allerdings Kontrolle für kontraproduktiv und damit für überflüssig hält, sei an die größte Mordserie in Friedenszeiten seit Menschengedenken in Deutschland erinnert. Dem Pfleger Niels H. wurden an Kliniken in Oldenburg und Delmenhorst 85 Morde nachgewiesen und wenn man sich fragt, wie das in geschützten Räumen wie einem Krankenhaus möglich war, muss man zu dem Ergebnis kommen, dass es nicht nur einen Schuldigen gibt. Diverse Auffälligkeiten an den Todesfällen im Umfeld des Pflegers waren ja längst bekannt, aber alle Beteiligten – von der Klinikleitung bis zu den Mitarbeitern – wollten es nicht so genau wissen. Kontrolle kann manchmal besser sein als Wegschauen.

7.6.1 Beobachter oder Beobachteter?

In sozialen Situationen kann man zwei Reaktions- und Verhaltenstypen unterscheiden: Zu dem einen Typus gehören jene, die vorrangig die Rolle des Beobachters übernehmen. Sie versuchen, sich ein umfangreiches Bild von der Lage und den agierenden Personen zu machen. Sehen, was ist! Das ist eine gute Haltung, denn Beobachter sind sozial kompetent.

Zu dem anderen Typus gehören Menschen, die sich eher beobachtet fühlen. Sie haben die Neigung, alles auf sich zu beziehen, und wenn Passanten auf der Straße lachen, vermuten sie, dass dieses Lachen ihnen gelte. Wer so lebt und arbeitet, steht unter einer ständigen Anspannung, die niemals aufgelöst werden kann, da sie sich auf kein Ziel konzentriert. Im Extremfall spricht man von Verfolgungswahn (Paranoia), dessen Krankheitsbild etwa darin bestehen kann, dass ein Patient mit durchaus sachlichen Argumenten belegen kann, warum er vom Geheimdienst einer fremden Macht beschattet wird. Wer sich beobachtet fühlt, ist in seiner Sozialkompetenz eingeschränkt. Man hat ständig sich selbst als Gegenstand der kritischen Aufmerksamkeit anderer im Blick statt das soziale Umfeld, in dem man sich bewegt und handeln muss.

Führungskräfte müssen Beobachter sein, aber dabei darf nicht jeder Blick zu einem bösen Blick werden. Wie klagte doch ein Mitarbeiter: »Immer, wenn ich vor der Tür mal eine Zigarette rauche, kommt zufällig mein Chef vorbei. Er sagte zwar nichts, aber einen Minuspunkt habe ich bestimmt weg.« Es gibt Vorgesetzte, die um 8.30 Uhr im Betrieb erscheinen, während die Mitarbeiter bereits um 8.00 Uhr mit der Arbeit zu beginnen haben. Einmal im Monat aber – und niemand weiß, an welchem Tag dies sein wird – sitzt der Vorgesetzte zur allgemeinen Überraschung bereits kurz vor acht Uhr im Büro. Keiner der Angestellten weiß, warum das so ist, aber alle spüren einen Hauch von Misstrauen.

Es gibt aber auch das andere Extrem – nämlich den Laissez-faire-Führungsstil. »Mein Chef hat doch keine Ahnung, was ich tagsüber so alles mache!« Dieser Vorwurf ist nicht selten zu hören und da klingt die Sorge mit, dass man deshalb nicht fair beurteilt werden könne. Mitarbeiter wünschen sich, dass der Vorgesetzte weiß, was sie wie machen. Ob das »Management by walking around« dann als Rundgang oder als Kontrollgang erlebt wird, hängt vom Menschenbild der Führungskraft und dem daraus resultierenden persönlichen Auftritt im Führungsalltag ab.

7.6.2 Leitfaden zum Führungsinstrument »Kontrolle«

Wozu?/Ziel

- Erfolge und Misserfolge von Mitarbeitern feststellen können
- Verhalten und Leistung anerkennen bzw. korrigieren können

Bedeutet für

- Mitarbeiter
  - Voraussetzung für Feedback
  - Kontrolle kann Interesse am Mitarbeiter signalisieren.
- Vorgesetzte
  - Ohne Kontrolle kann sich ein Fehlverhalten verfestigen.
  - Ohne Kontrolle ist eine Mitarbeiterbeurteilung nicht möglich.
- Unternehmen
  - Beachtung von Compliance-Regeln sicherstellen
  - Stärken und Schwächen in den internen Prozessen erkennen

Wie?

- dem Mitarbeiter nicht ständig über die Schulter schauen
- offen und ehrlich

7.7 Beurteilung

Erfolgreiche Personalführung ist auch eine Frage der praktischen Menschenkenntnis. Praktische Menschenkenntnis besteht darin, das Verhalten und das Potenzial von Mitarbeitern angemessen zu bewerten. Es reicht ja nicht aus, eine Strichliste zu führen, wie oft jemand zu spät kommt oder fehlt.

Wie kann man auf diesem Gebiet kompetenter werden? Der österreichisch-amerikanische Biochemiker Erwin Chargaff, der einen wesentlichen Beitrag zur Entschlüsselung der DNA-Struktur geleistet hat, empfiehlt zunächst, sich selbst treu zu bleiben, also auf sich selbst zu hören: »Seltsamerweise hat es sich noch immer nicht herumgesprochen, dass, wer Augen hat, viel mehr sehen kann als die Wissenschaft ihm je wird erklären können; ja, dass platte, wissenschaftliche Erklärung dem Verstehen der Welt oft abträglicher ist als komplette Ignoranz.«

Das ist provokant, aber es gibt Belege dafür, wie falsche wissenschaftliche Erklärungsmodelle und Glaubenssätze deren Anhänger auf die falsche Fährte gelockt haben und immer noch locken. »Wissenschaftler haben festgestellt« – was wurde mit diesen einleitenden Worten nicht schon alles als neueste Erkenntnis präsentiert und später als Unfug wieder eingesammelt! Doch bei aller Wissenschaftskritik gilt auch der Grundsatz: Man sieht nur, was man weiß. Wer niemals etwas von dorischen, ionischen und korinthischen Säulen gehört hat, wird die Unterschiede nicht wahrnehmen – geschweige denn, dass sie ihm eine Geschichte aus dem antiken Griechenland erzählen können.

Nun hat jede Führungskraft gewiss mehr oder weniger präzise Vorstellungen von der Struktur der menschlichen Persönlichkeit – und natürlich hat jede Führungskraft auch eine Vorstellung davon, welche Persönlichkeitsmerkmale und Einstellungen besonders eng mit der Zufriedenheit und Effizienz am Arbeitsplatz zusammenhängen. Deshalb soll hier auch nicht erörtert werden, was man sich unter dem Begriff »Persönlichkeit« überhaupt vorzustellen habe, denn die Psychologen reden diesbezüglich viel und durcheinander und oft auch gegeneinander. So hat denn der gewiss renommierte Persönlichkeitspsychologe Gordon Allport fünf verschiedene Definitionen von »Persönlichkeit« zusammengetragen. Auf diesem Gebiet sollte man sich als Laie gar nicht erst umsehen, weil man da nur dilettieren kann.

Hilfreich ist deshalb in der Praxis zunächst die Frage: Worauf kommt es eigentlich an, wenn man als Führungskraft einen guten Job machen möchte? Und auch hier gilt das ökonomische Prinzip: Man muss nicht alles über die psychische Struktur eines Menschen wissen, sondern man muss etwas über jene Eigenschaften wissen, die zur Bewältigung aktueller und zukünftiger Aufgaben notwendig sind.

7.7.1 Die Big Five

Der am weitesten verbreitete Persönlichkeitstest weltweit und damit auch im deutschen Sprachraum ist der vom britisch-amerikanischen Persönlichkeitspsychologen Raymond Cattell entwickelte »16-PF«-Test (Sixteen-Personality-Factors), der Auskunft über 16 Persönlichkeitsfaktoren geben soll. Einmal abgesehen von der psycho-diagnostischen Brauchbarkeit dieses Verfahrens gilt hier für Führungskräfte der Grundsatz, dass weniger manchmal mehr ist. Dem Praktiker sei deshalb empfohlen, sich auf die sogenannten »Big Five« zu konzentrieren, also fünf Eigenschaften, die mit dem beruflichen Erfolg korrelieren und die man sowohl bei der Einstellung neuer Mitarbeiter als auch später bei der Leistungs- und Verhaltensbeurteilung beachten sollte.

Was spricht in der Praxis für dieses Fünf-Faktoren-Modell der Persönlichkeit? Der Hintergrund soll kurz skizziert werden. Es gibt die jedermann zugängliche Umgangssprache, die soziale Realitäten widerspiegelt, also auch die Unterschiede zwischen Menschen. »Je bedeutsamer diese Differenzen sind«, bemerkt der Eignungsdiagnostiker Fritz Ostendorf, »desto eher nehmen Personen Notiz davon, thematisieren ihre Beobachtungen und benennen sie vielleicht mit einem spezifischen Wort.« Genau dies ist die Begründung für den lexikalischen Ansatz in der Persönlichkeitspsychologie, den Ostendorf entwickelte. Er zog aus einer Gesamtliste von 5.160 personenbeschreibenden Adjektiven eine repräsentative Stichprobe von 430 Begriffen und legte diese circa 400 Probanden in Form von Schätzskalen zur Selbst- und Fremdbeurteilung vor. Die Analysen bestätigten auch für den deutschen Sprachraum das bereits in anderen Sprachen und Kulturen aufgefundene Fünf-Faktoren-Modell der Persönlichkeit, eben die sogenannten Big Five. Wer diese Eigenschaften halbwegs realitätsgerecht bei einem Mitarbeiter einzuschätzen vermag, weiß, woran er ist, und hat eine recht gute Vorstellung von dessen derzeitigen Einsatzmöglichkeiten und zukünftigen Entwicklungschancen. Hier sind die »Big Five«:

Erstens: Extraversion versus Introversion

Wenn man danach fragt, wo Menschen sich unterscheiden, kommt man zunächst auf das Soziale: Wie verhält sich das Individuum zur Gemeinschaft? Zwei grundsätzliche Eigenschaften lassen sich hier voneinander abgrenzen – nämlich Extraversion und Introversion.

»Extraversion« heißt, dass ein Mensch dem Kontakt anderen gegenüber aufgeschlossen ist und diesen meist auch sucht. Ein introvertierter Mensch ist dagegen jemand, der sich eher abwartend verhält und sozialen Kontakten keinen sonderlich hohen Stellenwert einräumt.

Beide Tendenzen lassen sich nicht grundsätzlich als »vorteilhaft« oder »unvorteilhaft« bewerten – was zählt, ist die Tätigkeit, um die es geht. Wer eine Aufgabe anstrebt bzw. zu bewältigen hat, die mit einem intensiven Kundenkontakt verbunden ist und damit häufige und anspruchsvolle Kommunikationsaufgaben beinhaltet, sollte vom Naturell her eher extravertiert veranlagt sein. Und wo liegen die Stärken der Introvertierten? Der Dichterfürst Johann Wolfgang von Goethe hält hier eine interessante Diagnose bereit: »Es bildet ein Talent sich in der Stille.« Das ist durchaus kein billiger Trost für jene, die bei ihrem Auftritt nicht gleich ein Feuerwerk entzünden. Ganz im Gegenteil.

Zweitens: Verträglichkeit

Bei der wenig wissenschaftlich anmutenden Eigenschaft namens »Verträglichkeit« geht es um den wahrscheinlichen Platz, den jemand in einer Gruppe findet.

Der Philosoph Arthur Schopenhauer hat die Problematik mit der folgenden Metapher verdeutlicht: Die Menschen gleichen Stachelschweinen in einer kalten Winternacht –

sie müssen zusammenrücken, um nicht zu erfrieren, aber sobald sie dies tun, stechen sie sich gegenseitig. Dieser Umstand treibt sie erneut auseinander. Bald frieren sie wieder und rücken abermals aneinander. In diesem Sinne sei das menschliche Zusammenleben und -arbeiten ein ständiges Sich-Anziehen und Sich-Abstoßen.

Natürlich gibt es individuelle Unterschiede. Da sind die einen, die den Reflex, der das Ausfahren der Stacheln bewirkt, nicht im Griff haben und deshalb bei geringsten Anlässen kratzbürstig reagieren, und da sind andere, die selbst in Konfliktsituationen eher sanftmütig und lösungsorientiert – also verträglich – agieren.

Drittens: Gewissenhaftigkeit
Bei »Gewissenhaftigkeit« geht es um das Arbeitsverhalten. Kann man der betreffenden Person verantwortungsvolle Aufgaben übertragen, ist sie leistungsbereit, ausdauernd, diszipliniert und zuverlässig? Angesichts des diskutierten Wertewandels – manche sprechen vom Werteverfall – kommt dem Merkmal »Gewissenhaftigkeit« eine besondere Bedeutung zu. Es ist unverkennbar, dass die Generation der Babyboomer als Protagonist der klassischen industriellen Arbeitsmoral über die gewandelten Wertvorstellungen jüngerer Kolleginnen und Kollegen enttäuscht ist. Die vermutete Abkehr von den Prinzipien der protestantischen Arbeitsethik wird mit Sorge betrachtet.

Fehler – so heißt es – seien zu verzeihen, wenn man den Mut habe, diese auch zuzugeben. Dem wäre entgegenzuhalten, dass man als potenzieller Patient um jedes Krankenhaus einen großen Bogen machen sollte, in dem diese Form der Fehlerkultur propagiert wird. Nun geht es im Betrieb nicht um Leben und Tod, aber immerhin um die Reputation eines Unternehmens und Arbeitsplätze. Man denke an die größte Rückrufaktion in der deutschen Automobilgeschichte. Während Deutschland die Fußball-Europameisterschaft gewann, mussten 1980 21 Millionen Fahrzeuge der Marke Ford zurück in die Werkstatt. Das Automatikgetriebe gab von ganz allein den Parkmodus frei und sorgte bei leichtestem Gefälle für Geisterfahrzeuge.

Viertens: emotionale Stabilität (Neurotizismus)
»Emotionale Stabilität« thematisiert die seelische Belastbarkeit eines Menschen, gibt also Auskunft über das Verhalten in Stresssituationen. Macht jemand unter Zeitdruck Flüchtigkeitsfehler, verliert er den Überblick, behandelt er Kunden unwirsch oder abweisend? Beim Merkmal »emotionale Stabilität« geht es letztlich darum, wie jemand reagiert, wenn sich auf dem Weg zum Ziel Hindernisse auftürmen. Da gibt es jene, die resignieren, und andere, die auf besondere Erschwernisse mit einem »jetzt erst recht« reagieren.

Menschen mit einer hohen Ausprägung in Neurotizismus erleben häufiger Angst, Nervosität, Anspannung, Trauer, Unsicherheit und Verlegenheit. Zudem bleiben diese

Empfindungen bei ihnen länger bestehen und werden leichter ausgelöst. Personen mit niedrigen Neurotizismuswerten sind eher ruhig, zufrieden, stabil, entspannt und sicher. Sie erleben seltener negative Gefühle.

Fünftens: Offenheit
Menschen unterscheiden sich in ihren Interessen und dem Ausmaß der Beschäftigung mit neuen Erfahrungen und Eindrücken. Personen mit hohen Offenheitswerten sind wissbegierig, fantasievoll und experimentierfreudig. Sie tendieren dazu, bestehende Regeln kritisch zu hinterfragen und probieren gern etwas Neues aus. Personen mit niedrigen Offenheitswerten neigen demgegenüber zu konventionellem Verhalten und zu konservativen Einstellungen. Sie ziehen Bekanntes und Bewährtes dem Neuen vor. Bewahren statt verändern! Die Folge: Sie stehen Veränderungsprozessen eher abwartend bis skeptisch gegenüber.

Es ist eine ganz schöne Herausforderung für Führungskräfte, diese fünf Persönlichkeitseigenschaften halbwegs angemessen zu beurteilen. Aber man muss einen Mitarbeiter nicht gleich auf die Couch bitten, um sich ein Bild von ihm zu machen. Die Big Five helfen einem, den Blick in die richtige Richtung zu lenken, wenn es zum Beispiel um Personalbeschaffung oder Personaleinsatz geht. Es muss allerdings ein ungetrübter Blick sein.

7.7.2 Achtung, Beurteilungsfehler

Es gibt keine sicheren Instrumente der Menschenkenntnis. Nur Scharlatane behaupten, Schleichwege in die Seele entdeckt zu haben, und versuchen, diese zu vermarkten. Aber es gibt gute und es gibt schlechte »Menschenkenner«. Und die eher guten kennen die wesentlichen Beurteilungsfehler, denen man zum Opfer fallen kann, ohne dass es einem bewusst ist.

- **Mildefehler/Strengefehler**
  Man spricht hier auch vom »Großzügigkeitsfehler«. Der Beurteiler wertet das Verhalten bzw. die Leistungen der Mitarbeiter (bzw. Schüler und Studierenden) wenig sachgerecht, weil er ihnen nicht wehtun möchte oder deren weiteren Karriere keine Steine in den Weg legen will. Das unangenehme Pendant des »Mildefehlers« ist aus Sicht der Beurteilten der »Strengefehler«. Er basiert auf der Haltung: »Mir ist auch nichts geschenkt worden!«
- **Zentraltendenz**
  In Fall der »Zentraltendenz« lautet das diagnostische Urteil »Mittelmaß«. Es gibt keine Abweichler nach oben oder unten. Der Zentraltendenz folgen Beurteiler, denen der Mut fehlt, den Kopf herauszustrecken. Extremurteile haben ja einen gewissen Aufmerksamkeitswert und erfordern im Zweifelsfall eine besondere Begründung. Fällt die Beurteilung sehr gut aus, muss man als Vorgesetzter mit

dem Wunsch nach einer Gehaltserhöhung rechnen, fällt es schlecht aus, wendet sich der Mitarbeiter möglicherweise mit einer Beschwerde an den Betriebsrat. Wer mit seinem Urteil immer in der Mitte bleibt, hat diesbezüglich weniger zu befürchten.

- **Halo-Effekt**
  Im Falle des »Halo-Effekts« lässt sich ein Beurteiler von einem einzelnen Merkmal eines Menschen so stark beeinflussen, dass dieser Eindruck auf die Beurteilung der Gesamtperson ausstrahlt (»Überstrahlungseffekt«). Dies ist beispielsweise der Fall, wenn einem besonders sympathischen Menschen viele wünschenswerte Eigenschaften zugeschrieben werden oder einer Person mit einem Sprachfehler noch andere Defizite unterstellt werden. Ein Halo-Effekt kann bewirkt werden durch einen Dialekt, durch Tattoos, Piercings oder Springerstiefel.
  Technisch ausgedrückt handelt es sich beim »Halo-Effekt« um eine folgenschwere Wechselwirkung zwischen Beobachter und Beobachtetem.
- **Kontrast- oder Ähnlichkeitsfehler**
  Gemeint ist damit der Umstand, dass Urteile vom Selbsturteil des Beurteilenden beeinflusst sind. Wer sich für besonders schlau hält, könnte geneigt sein, andere in dieser Hinsicht zu unterschätzen (Kontrastfehler). Häufig neigen wir auch dazu, andere für uns ähnlich zu halten. Wer in Klausuren abgeschrieben hat, wird im Zweifelfall dies auch anderen unterstellen.
- **»Logischer« Fehler**
  Jeder hat bestimmte Vorstellungen davon, wie Merkmale »in der Natur« zusammenhängen, aber die müssen ja keineswegs stimmen. (»Wer lügt, stiehlt auch.« – »Wer eine hohe Stirn hat, ist schlau.« – »Schotten sind geizig.« etc.). Ausdrucksfähigkeit und Durchsetzungsfähigkeit werden zum Beispiel gern als miteinander korrelierende Merkmale angesehen. Die Praxis lehrt freilich, dass zur Durchsetzungsfähigkeit weit mehr gehört, als gefällig formulieren zu können.
- **Zu frühe Wertung**
  Oft wird ohne ausreichende Kenntnis eines Sachverhaltes bzw. einer Person vorschnell geurteilt. Deshalb gilt es, im Beurteilungsprozess diese Reihenfolge konsequent einzuhalten:
  a) beobachten
  b) beschreiben
  c) bewerten

7.7.3 Beurteilungssysteme: Fahndung nach Minderleistern

In vielen Unternehmen werden die Leistungen der Mitarbeiter regelmäßig beurteilt, um danach über ihre Entlohnung und ihre weitere berufliche Entwicklung zu entscheiden. Aber sind solche Beurteilungssysteme noch sinnvoll oder sind sie das Erbe aus einer Zeit, in der jeder Mitarbeiter eine klare Stellenbeschreibung hatte? Immer häufiger wird gefordert, diese Systeme abzuschaffen, da sie nicht realitätsgerecht seien – und zwar weder hinsichtlich der Beurteilung des Ist-Zustandes noch hinsichtlich des Entwicklungspotenzials. Hinzu kämen – so die Kritiker – erhebliche Kollateralschäden. Als abschreckendes Beispiel gilt heute ein Beurteilungssystem, das Marissa Mayer – CEO des in eine finanzielle Schieflage geratenen Internetunternehmens Yahoo – im Jahre 2012 eingeführt hat und als »Quarterly Performance Reviews« bekannt wurde. Die Angestellten erhielten jedes Quartal eine Punktzahl von eins bis fünf. Eine »fünf« bedeutete, dass die Ziele deutlich übertroffen wurden und eine »eins«, dass man mit einer Entlassung rechnen musste.

Und so funktionierten die »Quarterly Performance Reviews«. Jeder Vorgesetzte hatte im Rahmen von »Forced Rankings« seine Mitarbeiter »quotenmäßig« in fünf Kategorien zu sortieren:

- Kategorie 1: »Greatly Exceeds« (10 Prozent),
- Kategorie 2: »Exceeds« (25 Prozent)
- Kategorie 3: »Achieves« (50 Prozent)
- Kategorie 4: »Occasionally Misses« (10 Prozent)
- Kategorie 5: »Misses« (5 Prozent)

Durch das Erzwingen einer Glockenkurve mussten Führungskräfte unfreiwillig Mitarbeiter abservieren, auch wenn sie gute Leistungen erzielten.

Der Niedergang von Yahoo kann auf viele Faktoren zurückgeführt werden. Es ist jedoch offensichtlich, dass dieses System der Leistungsbeurteilung der Unternehmensmoral und Motivation abträglich war. Warum, haben sich viele Führungskräfte gefragt, muss ich fünf Prozent meiner Mitarbeiter entlassen, obwohl ich ein gutes Händchen sowohl bei der Personalauswahl als auch bei der Personalführung habe? 2017 wurde Marissa Mayer entlassen.

7.7.4 Leitfaden zum Führungsinstrument Beurteilung

Wozu?/Ziel

- Rückmeldung über Leistung und Verhalten
- Förderungsbeurteilung

Bedeutet für

- Mitarbeiter
  - Motivation/Anerkennung/Selbstvertrauen
  - Mitarbeiter weiß, wie er gesehen wird.
  - Chance, eigene Stärken besser zu nutzen, Defizite abzubauen bzw. falsches Verhalten zu korrigieren

- Vorgesetzte
  - Bessere Kenntnis von Stärken und Schwächen
  - Mitarbeiterförderung/gezielte Maßnahmen zum Abbau von Defiziten
  - Verminderung von Schwachstellen im eigenen Verantwortungsbereich
- Unternehmen
  - Entwicklung des Mitarbeiterpotenzials
  - Grundlage für die qualitative Personaleinsatzplanung
  - Grundlage für die Personalbeschaffungsplanung

Wie?

- Systematisch vorgehen, d. h erst das Verhalten des Mitarbeiters beobachten, dann beschreiben und erst zum Schluss bewerten
- Beurteilungsfehler vermeiden (siehe oben)

8 Leistungsbremse Angst

Bei Joseph Heller »outet« sich der Ich-Erzähler Bob Slocum folgendermaßen: »In meinem Büro gibt es fünf Personen, vor denen ich mich fürchte. Von diesen Fünfen fürchtet jeder vier andere Personen (Überschneidungen nicht gerechnet), was zusammen zwanzig macht; jeder von diesen zwanzig wiederum fürchtet sechs weitere Personen, die von mindestens einer Person gefürchtet werden. Jeder von diesen einhundertzwanzig fürchtet sich vor den restlichen einhundertneunzehn Personen, und alle diese einhundertfünfundvierzig Personen fürchten sich vor den zwölf Männern an der Spitze, den Gründern und derzeitigen Eigentümern des Unternehmens.«

8.1 Angstmacher und die Folgen

Angst ist der Hüter der Gesundheit und des Lebens. Wer sich in einer bedrohlichen Lage befindet und davon ungerührt bleibt, geht wahrscheinlich schneller unter, als jemand, der sich Sorgen macht. Andererseits kann stoische Gelassenheit angesichts anstehender existenzieller Probleme bereits die halbe Lösung sein.

Was also hat es mit der Angst auf sich? Hier kann die Sprache selbst eine erste Auskunft geben. Das Wort »Angst« leitet sich vom Lateinischen »angustiae« ab, und das bedeutet so viel wie »Enge«. Dies führt auf eine interessante Spur: Wer sich beengt fühlt, hat keine Handlungs- und Gestaltungsfreiheit mehr und bleibt damit unter seinen Möglichkeiten. Angst stört und lähmt physiologische, hormonelle und intellektuelle Prozesse. In diesem Sinne wirkt Angst leistungshemmend. Gemeint sind damit nicht jene vorübergehenden Angstmomente, die sogar leistungssteigernd wirken können, sondern gemeint ist die Angst als Dauerzustand – ausgelöst durch ständige Bedrohung. Dabei ist es völlig egal, ob diese Bedrohung tatsächlich oder nur in der Einbildung existiert.

Aufschlussreich ist hier ein Experiment, von dem der Psychosomatiker Thure von Uexküll berichtet. In diesem nicht zur Nachahmung empfohlenen Versuch wurden Katzen in Käfige gesperrt und täglich mehrmals in einen Hundezwinger gestellt. Die Hunde kläfften und stürzten sich immer wieder auf die Käfige, um die Katzen zu packen. Diese waren freilich vor den Angriffen der Hunde geschützt, es konnte ihnen überhaupt nichts passieren.

Zugleich aber verhinderte der schützende Käfig jede Möglichkeit der Flucht oder Verteidigung. Und genau darin bestand das Dilemma der Tiere: Durch die (vermeintliche) Bedrohung war ihr Organismus auf Angriff oder Flucht eingestimmt, nur: Sie konnten nichts tun. Es ist so, als wenn man ein Auto permanent im Leerlauf auf Hochtouren bringt, aber niemals wirklich losfährt. Bei den Katzen konnte die emotionale und körperliche Spannung nicht in Handlung umgesetzt und damit aufgelöst werden. Sie konnte aber auch nicht abklingen, da die Katzen jeden Tag erneut in den Zwinger gebracht wurden.

Die psychosomatische Medizin sieht hier die Ursachen für das Entstehen diverser Krankheitsbilder wie Bluthochdruck, Störungen im Magen-Darm-Trakt und im Herz-Kreislauf-System.

8.2 Stress und Angst

Was sagen anerkannte Fachleute zum Thema Stress? Zunächst einmal gibt es Übereinstimmung hinsichtlich der Feststellung, dass im öffentlichen Sprachgebrauch und Bewusstsein kaum etwas so gründlich missverstanden wird wie das Phänomen Stress. Dabei stellte der kanadisch-ungarische Biologe Hans Selye, ehemals Direktor des Instituts für experimentelle Medizin und Chirurgie der Universität von Montreal, bereits vor Jahren fest: »Stress ist unser täglicher Begleiter. (...) Manchmal geht uns seine Anhänglichkeit auf die Nerven; dennoch verdanken wir ihm jeden persönlichen Fortschritt und erreichen durch ihn immer höhere Stufen geistiger und körperlicher Weiterentwicklung. Er ist die Würze unseres Lebens.«

Und weiter: »Die Natur hat uns von jeher ermöglicht, von ihren großen Vorräten alles zu nehmen, was wir brauchen. Sie erlaubt uns jedoch nicht, jahrelang zu behalten, was wir nicht benutzen; Zellen, die unser Körper nicht ausnützt, entzieht sie ihm.« Das Brachliegen des menschlichen Leistungspotenzials, so der Biologe, mache auf Dauer seelisch und körperlich krank. Und das gilt auch für die lähmende »negative Angst«.

Leider gibt es immer noch Führungskräfte, deren wichtigstes Führungsinstrument die Angst ist.

Friedhelm Gieske, der ehemaliger Vorsitzende des RWE-Vorstandes, diagnostiziert in den Unternehmen eine bedrohliche Entwicklung: »Es ist unübersehbar, welch verheerenden Einfluss negative Angst auf das Wohlbefinden und die Leistungsbereitschaft von Individuen in Betrieben und der ganzen Gesellschaft hat.« Das Thema ist heute besonders aktuell, weil sich die Angstpotenziale steigern – und zwar wegen des Abbaus von Hierarchiestufen. Dabei geht es nicht nur um die direkt Betroffenen, die nach einer Reorganisation überflüssig sind und deshalb entlassen werden, sondern auch um die verbleibenden Mitarbeiter, die sich dem direkten Zugriff von oben stärker ausgesetzt sehen und fühlen, als es vorher der Fall war. Die gewünschten flachen Hierarchien haben eben auch ihre Kehrseite.

»Zivilcourage ist das, was von einem Menschen übrigbleibt, wenn der Vorgesetzte das Zimmer betritt.« Diese Aussage wird dem deutsch-amerikanischen Raketenforscher Wernher von Braun zugeschrieben und sie bietet einen guten Ausgangspunkt für die Einschätzung eines angemessenen Umgangs mit Hierarchien und Hierarchen. Starke Vorgesetzte wissen nämlich, dass man mit Ja-Sagern und Duckmäusern die Zukunft nicht gewinnen kann. Im Zweifelsfall »belohnen« kompetente Führungskräfte deshalb jene Mitarbeiter, die zuweilen auch unbequem sein können.

Der ehemalige Bundespräsident Roman Herzog hat aus guten Gründen eine neue »Wagniskultur« in Deutschland gefordert. Das gilt im Großen wie im Kleinen. Der Publizist Johannes Groß hat einmal bekannt: »Mit 40 Jahren habe ich beschlossen, keine Angst mehr zu haben. Ich habe es nicht bereut.« Kein schlechter Vorsatz für jeden, der einen neuen beruflichen Lebensabschnitt vor sich hat – und der beginnt ja mit der Übernahme einer Führungsaufgabe.

8.3 Fürchtet euch nicht!

Ab jetzt will ich keine Angst mehr haben! Aber wie setzt man diesen Vorsatz in die Praxis um? Nun, man muss zunächst einmal die Furcht überwinden, um keinen Angst mehr zu haben. Was verbirgt sich hinter dieser vermeintlichen Wortklauberei?

Angst und Furcht sind zweierlei. Angst bezeichnet einen gefühlsmäßigen Zustand, dessen auslösende Faktoren nicht auf direktem Wege zugänglich sind. Angst ist eine Grundstimmung, die beispielsweise durch viele negative Nachrichten bewirkt werden kann. Der Furcht liegt immer ein direkt zu benennender furchterregender Reiz oder Gegenstand zugrunde. Furcht ist im Spiel, wenn ein Mitarbeiter sich nicht traut, seinem Vorgesetzten die eigene Meinung zu einem Projekt zu sagen oder einen Fehler offen zuzugeben, und stattdessen versucht, ihn zu kaschieren. Aus Letzterem wiederum entsteht Angst, die das allgemeine Lebensgefühl beeinträchtigende unterschwellige Sorge, dass die Sache irgendwann auffliegen könnte.

Wer lernt, die Furcht zu überwinden, wird seelisch stärker und vermeidet die Entwicklung einer ängstlichen Grundstimmung. Was also ist allen zu empfehlen, die es beruflich wissen wollen? Stellen Sie sich vorsätzlich jenen Personen, Situationen und Anforderungen, vor denen Sie sich fürchten! Dabei müssen Anliegen und Unterfangen freilich sinnvoll und einigermaßen realistisch sein. Wer sich dagegen aufgrund eines möglichen unangenehmen Gegenwindes lieber in den Windschatten zurückzieht, wird immer schwächer und scheitert irgendwann.

Und was ist, wenn man scheitert, weil man die Risiken falsch eingeschätzt hat? Es ist zu hoffen, dass es zukünftig noch mehr Manager an der Spitze geben wird, die wie Jürgen Heraeus denken, ehemaliger Chef der Heraeus Holding GmbH: »Ich stelle nur Leute ein, die einmal ganz tief gefallen sind. Das gehört für mich zum Erfolg – um keine Angst mehr zu haben.«

9 Führung und Mitarbeiterzufriedenheit

Das Ziel eines Unternehmens besteht nicht darin, zufriedene Mitarbeiter zu haben. »Stay hungry, stay crazy« rief Steve Jobs bekanntlich den Studierenden in seiner »Standford Speech« zu. Genau – Zufriedenheit kann satt und behäbig machen und deshalb sollte man sich als angehende Führungskraft fragen, was eine zielführende und damit gewünschte »Mitarbeiterzufriedenheit« eigentlich ausmacht.

Welche Eigenschaften muss eine Tätigkeit haben, damit sich ein Gefühl der inneren Befriedigung und der Freude an der eigenen Leistung sowie der fachlichen und persönlichen Entwicklung einstellen kann? Die Sozialpsychologen Hackman und Oldham haben zur Beantwortung dieser Frage eine Theorie der Arbeitsgestaltung entwickelt, die für jedes Unternehmen relevant ist.

9.1 Das »Job Characteristics Model«

Wie muss eine Tätigkeit beschaffen sein, damit diese intrinsische Motivation bewirkt, also die inhaltliche Herausforderung bzw. die Tätigkeit an sich wichtiger ist als das Geld, das man als Gegenleistung bekommt?

1. Anforderungsvielfalt

Die Erfindung des Fließbandes durch Henry Ford hatte einen enormen Produktivitätszuwachs zur Folge. Sein T-Modell (»Tin Lizzy«) war bis 1972 das weltweit meistverkaufte Auto, weil es auch für weniger betuchte Gesellschaftsschichten erschwinglich war.

Typisch für diese Art der Fertigung – auch »Taylorismus« genannt – war die radikale Trennung von Kopf- und Handarbeit. Wer je an einem Fließband gestanden hat, weiß, dass die eigene Existenz auf ein Anhängsel der Maschine reduziert wird und man nur ein Ziel hat, nämlich den Feierabend bzw. gegebenenfalls einen hohen Akkordlohn. Psychologen sprechen hier von »extrinsischer Motivation«, also Anreizen, die von außen kommen und nichts mit der eigentlichen Arbeit zu tun haben.

Heute gilt der Taylorismus im klassischen Sinne als weitgehend überwunden, aber dennoch leiden viele Mitarbeiter unter der Eintönigkeit ihrer Arbeit. Wo Burn-out diagnostiziert wird, handelt es sich in vielen Fällen um Bore-out – die Menschen langweilen sich in ihrem Job zu Tode: »Freitag mache ich das, was ich Donnerstag getan habe und am Montag, was ich am Freitag zu erledigen hatte.« Als Symbol für diesen Arbeitsalltag steht das Hamsterrad.

»Unruhe im Kalender stiften!« – so lautet ein altes Glücksrezept. In diesem Sinne sollte das Arbeitspensum aus einer Vielzahl verschiedener Aktivitäten bestehen, die verschiedene Fähigkeiten und Fertigkeiten des Mitarbeiters abrufen.

!

Praxis: Jobrotation, Jobenlargement, Jobenrichment

Um den Betroffenen einen Ausbruch aus der Routine zu ermöglichen, empfehlen sich Jobrotation, Jobenlargement und Jobenrichment – sinnvolle Instrumente der Personalentwicklung.

- **Jobrotation**
  Bei der Jobrotation werden Arbeitsplätze getauscht. Die Mitarbeiter erhalten neue Aufgaben und lernen unterschiedliche Arbeitsbereiche kennen. Zum Beispiel: Ein bisher in der Personalbeschaffung tätiger Mitarbeiter wechselt in die Personaleinsatzplanung oder ein Mitarbeiter im verkaufsunterstützenden Innendienst übernimmt eine Aufgabe im Außendienst.
  Durch Jobrotation wird die Arbeit der Mitarbeiter abwechslungsreicher und dies bewirkt eine Motivationssteigerung, die sich aus den Aufgabeninhalten ergibt. Außerdem wird Fachwissen unter den Mitarbeitern weitergegeben und besser verteilt. Mitarbeiter, die an Rotationsprogrammen teilnehmen, sind deshalb fachlich breiter aufgestellt und können zusätzlich erworbenes Wissen auf eventuelle spätere Führungsaufgaben übertragen. Keine Rosen ohne Dornen. Neue Mitarbeiter – und das gilt auch für die Jobrotation – müssen eingearbeitet werden und kosten Ressourcen. Auch können personelle Fehlentscheidungen hinsichtlich der Teilnahme an Rotationsprogrammen die Produktivität beeinträchtigen. Hinzu können gruppendynamische Effekte kommen, die die Zusammenarbeit im Team gefährden.
- **Jobenlargement**
  Beim Jobenlargement übernimmt ein Mitarbeiter zusätzliche Aufgaben als Ergänzung zu seinem bisherigen Verantwortungsbereich. Diese Aufgaben entsprechen seinem Leistungsprofil, sodass meist keine Schulungen notwendig sind. Jobenlargement ist mit keiner Beförderung verbunden. Zum Beispiel: Ein Mitarbeiter der Auftragsabwicklung übernimmt zusätzlich das Reklamationsmanagement oder die After-Sales-Aktivitäten. Jobenlargement kann für alle Beteiligten vorteilhaft sein: Der Mitarbeiter wird durch neue Aufgaben motiviert und im Unternehmen sind weniger interne Abstimmungen notwendig, wenn mehrere Aufgaben in einer Hand liegen. Andererseits könnte ein Mitarbeiter zu der Einschätzung kommen, dass er ohne finanziellen Ausgleich mehr leisten müsse.
- **Jobenrichment**
  Das Jobenrichment ist wie das Jobenlargement eine Form der Aufgabenerweiterung, wobei der Unterschied darin besteht, dass die zusätzlichen Aufgaben anspruchsvoller und mit mehr Verantwortung verbunden sind. Zum Beispiel: Ein Mitarbeiter aus der Fertigung übernimmt neben seinen bisherigen Aufgaben die Betreuung der technischen Auszubildenden oder wirkt bei der Zertifizierung nach ISO 9001 mit.
  Jobenrichment signalisiert einem Mitarbeiter, dass man ihm zusätzlich höherwertigere Aufgaben zutraut, die oft mit einer Fort- oder Weiterbildung verbunden sind. So muss beispielsweise jemand, der zusätzlich Auszubildende betreuen soll, vor der zuständigen Handelskammer die Ausbildereignungsprüfung absolvieren. Meist ist damit eine Stei-

gerung des eigenen Marktwerts verbunden. Aber auch Jobenrichment kann scheitern, wenn jemand mit der zusätzlichen Aufgabe an die Grenzen seiner Fähigkeiten oder Belastbarkeit stößt.

2. Ganzheitlichkeit der Aufgabe

Wer Stückwerk schafft, bleibt stückwerkhaft! Ein wesentlicher Kritikpunkt am Taylorismus besteht darin, dass Mitarbeiter nicht das »große Ganze« sehen und auch nicht das Gefühl haben, daran mitzuwirken. Sie sind oft das sprichwörtliche Rädchen im Getriebe, das zu funktionieren hat, aber nicht weiß, warum und wofür. Zur Erinnerung: Wer Leistung will, muss Sinn vermitteln und das heißt, den Mitarbeitern das »Big Picture« zu zeigen.

Der ehemalige IBM-Manager und BDI-Präsident Hans-Olaf Henkel hat einmal im Rahmen eines Vortrags eine kleine Geschichte vom Bau des Kölner Doms erzählt. Wenn sie nicht wahr ist, so ist sie auf jeden Fall gut erfunden.

Wir befinden uns im 13. Jahrhundert und auf der Baustelle des Kölner Doms. Viel ist noch nicht zu sehen und es sollen ja auch noch sechs Jahrhunderte vergehen, bis das Bauwerk endgültig vollendet ist. Auf dem noch recht übersichtlichen Gelände arbeiten drei Steinmetze, die sich durch ihren Gesichtsausdruck unterscheiden: Der erste blickt nämlich ziemlich grimmig drein, der zweite recht normal, der dritte jedoch scheint sich zu freuen – alle verrichten aber die gleiche Arbeit.

Der Zufall will es, dass ein kirchlicher Würdenträger des Weges kommt, die drei Arbeiter sieht und in jovialer Laune den ersten Steinmetz, dem die Mundwinkel freudlos herunterhängen, fragt: »Was machst du da?« – »Ich verdiene mir mein Brot!« Die Antwort wird vom Auftraggeber des Jahrhundertbauwerks als selbstverständlich akzeptiert. Der Gottesmann befragt nun den zweiten Steinmetz, der unauffällig normal dreinschaut: »Was machst du da?« – »Ich behaue einen Stein!« Man darf davon ausgehen, dass diese Äußerung nicht provozierend gemeint war und dass der Mann nur sein Tun wahrheitsgemäß beschrieb.

Und was mag der dritte Steinmetz auf die Standardfrage des Kirchenmannes geantwortet haben – also jener, der fröhlich bei der Sache war? »Ich baue«, so soll er sich geäußert haben, »ich baue den Kölner Dom!« Es ist klar, wer von den dreien über die ergiebigsten Energiequellen verfügte, seine Tätigkeit besonders verantwortungsbewusst und gekonnt wahrnahm und vermutlich nie krank war.

Im Grunde handelt es sich bei der Geschichte von den drei Steinmetzen um einen Sonderfall der Psychosomatik, also dem Tatbestand, dass sich Seelisches im Körperlichen fortsetzt. Die Einstellung zur eigenen Tätigkeit ist ein seelisches Phänomen, das sich auf den Körper auswirkt. Das Beispiel von den Steinmetzen zeigt, wie über die rechte Auffassung vom eigenen Tun ergiebige Energiequellen erschlossen werden können. Als Führungskraft sollte man diesen Umstand nutzen, indem man sowohl das eigenen Tun als auch das der Mitarbeiter in einen größeren Zusammenhang stellt.

! **Praxis: Prozess-Owner**

In manchen größeren Unternehmen gibt es mittlerweile den Prozessverantwortlichen, der die Abläufe, in deren Rahmen Werte für Kunden geschaffen werden, als Ganzes zu verantworten hat. Der »Prozess-Owner« kennt alle Aufgaben, alle Verantwortlichen, alle Baustellen im Rahmen des Prozesses und die damit verbundenen Herausforderungen. Der Prozess-Owner hat den großen Überblick, bemerkt deshalb rechtzeitig Ressourcenengpässe und kann gegensteuern.

In Stellenangeboten findet man im Anforderungsprofil häufig die Fähigkeit, prozessorientiert statt aufgabenorientiert zu denken und zu handeln. Und deshalb sind die Stellenbeschreibungen im klassischen Stil auch ein Auslaufmodell, weil diese die Mitarbeiter auf eine Aufgabe »festzurren«.

Ganzheitlichkeit im Denken und Handeln ist unverzichtbar, weil alles mit allem zusammenhängt. Da fährt die Bundeswehr kürzlich eine Werbekampagne zur Gewinnung von Frauen mit weiblichen Testimonials. Auf den Plakaten sehen sie mit ihren langen Haaren überaus attraktiv aus, aber niemand hat daran gedacht, dass Frauen in der Armee ihre Haare aus Sicherheitsgründen nicht offen tragen dürfen.

Dieses Beispiel mag ja noch banal sein. Aber als im »Tagesspiegel«, einer der angesehensten Tageszeitungen Deutschlands, am 15.12.2016 auf der Titelseite ein Bericht »Syrien – die Schande« mit dem Werbeaufkleber »Merry Christmas« eines Schmuck-Filialisten erschien, war dann doch die Empörung in der Leserschaft groß. Das Titelfoto zeigte traumatisierte Kinder nach einem Bombenangriff. Kein Drucker hat etwas bemerkt, denn er war ja nur für die Druckqualität verantwortlich und auch sonst hat offenbar niemand einen Blick auf den gesamten Prozess der Zeitungsherstellung geworfen. Beim Militär nennt man das »Kollateralschäden«, aber die gibt es eben auch im zivilen Bereich.

3. Bedeutung der Aufgabe

»Nicht was die Dinge wirklich und wahrhaftig sind, macht uns glücklich oder unglücklich, sondern was die Dinge in unserer Vorstellung sind.« Dieser Aussage von Arthur Schopenhauer ist eigentlich nichts hinzuzufügen. Was ist eine Sternschnuppe? Staub oder ein Glücksbringer? Was ist ein Gänseblümchen? Unkraut oder eine Blume, die die Wahrheit verrät? »Sie liebt mich – sie liebt mich nicht – sie liebt mich ...« Wenn es nicht gut ausgeht, nimmt man ein neues Blümchen.

! **Das Thomas-Theorem**

Das Thomas-Theorem besagt, dass jedes menschliche Handeln reale Konsequenzen zur Folge hat, egal wie irreal die Situation wahrgenommen und bewertet wurde, die zu der entsprechenden Handlung geführt hat.

Es geht also um die Differenz zwischen subjektiver Wirklichkeit und objektiver Realität. Ein Mitarbeiter, der sich von seinem Vorgesetzten ungerecht behandelt fühlt, mag mit seiner Einschätzung völlig falsch liegen, aber auch eine Fehlwahrnehmung ist eine Wahrnehmung mit den entsprechenden Folgen. Diese können positiv und negativ sein. Dies gilt beispielsweise für die Wahrnehmung des eigenen Arbeitgebers oder des ausgeübten Berufs. Zum Beispiel: Wie nehme ich meinen Job als Immobilienmakler oder als Bestatter subjektiv wahr? Oder: Kümmert sich mein Arbeitgeber um die Sorgen seiner Mitarbeiterinnen und Mitarbeiter? Das Thomas-Theorem wurde 1928 von den amerikanischen Soziologen William Isaac Thomas und Dorothy Swaine Thomas aufgestellt: »If men define situations as real, they are real in their consequences.«

Welche Bedeutung hat mein Job für mich? Warum und wozu mache ich das, was ich mache? Arbeite ich, um zu leben, oder lebe ich, um zu arbeiten? Die Antworten auf diese Fragen bestimmen in erheblichem Maße die Arbeitszufriedenheit. Dabei deckt sich die erlebte Berufs- und Arbeitszufriedenheit nicht zwingend mit der gesellschaftlichen Wertschätzung einer Tätigkeit. Die Frage »Sind Sie froh, Arzt zu sein?« beantwortete im Jahr 2019 jeder zehnte Arzt mit »Nein«.[7]

Die Bedeutung einer Aufgabe erschließt sich übrigens durch die Fragewörter »warum« und »wozu«. Die meisten Menschen stellen allerdings nur Warum-Fragen und vergessen zu fragen, worauf sie aus sind, welcher Zweck eigentlich erfüllt werden soll. Die dazu erforderliche Frage lautet »Wozu?«. Spitzfindig? Ein Kind kommt weinend auf Sie zu. Sie fragen: »**Warum** weinst du?«. Das Kind antwortet: »Weil mein Eis in den Dreck gefallen ist!« Dann fragen Sie: »**Wozu** weinst du?« und die Antwort des Kindes lautet: »Damit ich ein neues bekomme!«

Die Bedeutung einer Aufgabe erschließt sich also nur, wenn man nach dem Warum und dem Wozu fragt und als Führungskraft den Mitarbeitern hilft, hier subjektiv sinnstiftende Antworten zu finden.

4. Autonomie

Die Zufriedenheitsbedingung »Autonomie« meint die weitgehende bzw. angemessene Freiheit bei der Einteilung der Arbeit und der Wahl der Methode bzw. Vorgehensweise bei der Erledigung von Aufgaben.

Hier muss ein Vorgesetzter ein gutes Gespür dafür haben, wie viel Autonomie ein Mitarbeiter braucht bzw. »verträgt«. Einem App-Entwickler muss man eine lange Leine lassen, während ein Kommissionierer in der Lagerwirtschaft sehr gut mit einer ihm vorgegebenen To-do-Liste leben kann und diese dennoch motiviert abarbeitet.

7 Vgl. https://deutsch.medscape.com/diashow/49000620#11

Es wurde ja bereits das Konzept der »situativen Führung« von Hersey und Blanchard erwähnt, das sich an der Reife der Mitarbeiter orientiert. Zur Erinnerung: Reife wird hier aufgefächert nach den Aspekten fachliche Reife und persönliche Reife. Diese Dimensionen der Reife sind individuell zu diagnostizieren und der Freiraum für selbstbestimmtes Handel ist dementsprechend zu gewähren.

5. Feedback
Das größte Problem der Topmanager besteht darin, dass sie von ihren »Untergebenen« kein ehrliches Feedback bekommen. Die antike Weisheit, dass der Überbringer schlechter Nachrichten um sein Leben fürchten muss, gilt sinngemäß auch heute. Diverse Vorstände deutscher Unternehmen wurden deshalb zu Haftstrafen verurteilt, weil sie von ihren Mitarbeitern nicht rechtzeitig ein realistisches Feedback über ihr Handeln bekamen bzw. dies nicht hören wollten. Der tägliche Erfolg und die berufliche Zukunftsfähigkeit hängen zweifellos davon ab, belastbare Informationen über das eigene Verhalten und die erreichten Ergebnisse zu erhalten und diese auch zu bedenken.

Da manche Mitarbeiter per se keine gute Meinung von ihren Vorgesetzten haben, muss man nicht über jedes Stöckchen springen. Ein typisches Beispiel ist der Umgang der CDU mit dem Video des YouTubers Rezo. Der Produzent von Webvideos hat die CDU mit grenzwertigen und teilweise sachlich falschen Einlassungen »zerlegt« und wurde von der Partei geradezu devot mit Aufmerksamkeit belohnt. Doch auch dies gilt: Wer falsche Kritik annimmt, ist ein Opportunist. Kritikfähigkeit heißt eben auch, Vorwürfe sachlich zu bewerten und gegebenenfalls zurückzuweisen.

Das »Job Characteristics Model« von Hackman und Oldham gibt eine gute Orientierung für Führungskräfte zum Thema Mitarbeiterzufriedenheit.

9.2 Eitelkeit: Haut der Seele

Die sichersten Berechnungen, die man über einen Menschen anstellen kann, basieren auf der Eitelkeit. Wer als Führungskraft das Selbstwertgefühl der Mitarbeiter fördert, ohne diesen plump zu schmeicheln, wird erfolgreicher sein als jemand, der deren Selbstachtung beschädigt. Wie reagierte einmal ein Vorgesetzter auf die Einlassung seines Mitarbeiters, er habe gedacht, dass man das so auch machen könne? »Sie sollen hier nicht denken, sondern arbeiten!«

C. G. Jung, der Schüler von Sigmund Freud, hat seinerzeit gewarnt: »Wer die Instinkte übersieht, wird von ihnen aus dem Hinterhalt überwältigt.« Wer als Vorgesetzter einmal dazu beigetragen hat, dass jemand vor versammelter Mannschaft »sein Gesicht verloren« hat, muss mit Rache rechnen.

!

Beispiel: Empathiefreie Führung

Im Werk eines Herstellers technischer Erzeugnisse wurden wissenschaftliche Beobachtungen zum Thema »Führung und Zusammenarbeit im Betrieb« gemacht. Ein Vorfall war besonders aufschlussreich. Es wurde beobachtet, wie ein Ingenieur und ein Facharbeiter »zusammenarbeiteten«. Der Facharbeiter war dem Ingenieur bei der Aufgabenstellung zugeteilt worden, ein Versuchsprojekt zusammenzubauen und zu testen, das der Ingenieur gerade entwickelte. Beide waren wegen ihrer guten Fachkenntnisse ausgewählt worden – hatten allerdings vorher nie miteinander zu tun gehabt.

Das erste Zusammentreffen der beiden lief folgendermaßen ab: Der Werksingenieur ging auf den Facharbeiter zu, wobei er die neu entwickelten Teile in der Hand hielt, durch die er einige Probleme mit dem neuen Produkt zu beseitigen hoffte. Mit einer Geste deutete er an, dass der Facharbeiter den Zusammenbau der neu entwickelten Teile versuchen solle. Der Facharbeiter nahm eines dieser Teile und begann mit der Arbeit. Es fiel sofort auf, dass er dieses Bauteil nicht mit der sonst von ihm gewohnten Sorgfalt behandelte. Nach dem Zusammenbau begab er sich mit dem Produkt zum Prüfstand, um es zu testen. Es fiel durch. Mit unverkennbarer Genugtuung wandte er sich an den Betriebsingenieur: »Es funktioniert nicht!«

Der Betriebsingenieur bedeutete ihm, es noch einmal mit einem anderen Teil zu versuchen. Er tat es – und es klappte wieder nicht. Alsdann baute er so viele Einheiten zusammen, wie neue Teile da waren. Jedes Mal ging er mit einer Sorglosigkeit vor, die man von ihm überhaupt nicht kannte. Keine der so zusammengebauten Einheiten funktionierte. Wieder ging er zum Betriebsingenieur und berichtete ihm, dass die Sache mit dessen neuen Bauteilen nicht klappe. Daraufhin machte der Ingenieur eine unwirsche Bemerkung und verschwand. Der Facharbeiter aber berichtete mit offensichtlicher Zufriedenheit seinen Kollegen, dass der Ingenieur auf die Nase gefallen sei.

9.2.1 Geltungsstreben

Man muss beim Individuum ansetzen, den Einzelnen bekanntlich da abholen, wo er sich mental befindet. Genau das hat der Betriebsingenieur im geschilderten Fall versäumt. Als Fachvorgesetzter erteilte er dem ihm zugewiesenen Facharbeiter in einer Art und Weise Aufträge, die dessen Selbstwertgefühl verletzen musste. »Du bist hier nur das ausführende Organ«, lautete die implizite Botschaft. Man kann nur ahnen, wie viel Leistungsbereitschaft und Leistungsfreude durch einen derartigen Umgangsstil vernichtet wird bzw. wie viel kontraproduktive Kräfte dadurch genährt werden.

Alfred Adler hat in seiner Individualpsychologie das »Geltungsstreben« in den Mittelpunkt gestellt und damit Freuds guten alten Sexualtrieb vom ersten Platz verwiesen. Die Amerikaner sprechen hier von »self-importance« und Dale Carnegie hat auf der Grundlage dieses Persönlichkeitskonstrukts ein recht simples Rezept erstellt, das jeder umsetzen kann. Seine Grundgedanken, dargestellt in dem unverwüstlichen Titel »Wie man Freunde gewinnt«, bestehen darin, über die Interessen, Hobbys und Ansichten des Gesprächspartners zu reden, statt über die eigenen, zu fragen und zuzuhören, statt selbst zu reden und Menschen mit Namen anzusprechen. Deshalb muss man mit seinen Mitarbeitern noch lange nicht so umgehen wie ein Staubsaugerverkäufer mit seinen Kunden.

Offiziell wird Eitelkeit zwar als negative Eigenschaft wahrgenommen, aber wer mit offenen Augen durch die Welt geht, wird bemerkt haben, dass genau diese Eigenschaft die Welt (mit)regiert. Da beschweren sich Durchschnittsbürger darüber, dass ihnen Durchschnittsbürger an vermeintlich exklusiven Urlaubsorten auf den Fersen sind.

Statussymbole als Fortsetzung der Persönlichkeit mit anderen Mitteln – derartige Phänomene sind vermutlich so alt wie die Menschheit selbst. Was in Indianerkreisen einst einen fulminanten Höhepunkt der öffentlichen Existenz markierte, nämlich das manchmal sogar die materielle Existenz gefährdende »Potlatch«, ist heute als »Geltungskonsum« bzw. »conspicuous consumption« zu besichtigen. Letzteres ist die soziologische Bezeichnung für ein auf öffentliche Wirksamkeit zielendes, güterverbrauchendes Handeln.

»Jeder möge so verkünden, was ihm heute wohlgelang. (...). Nur die Lumpen sind bescheiden, brave freuen sich der Tat.« Dieser Spruch von Johann Wolfgang von Goethe ist aktuell. Heute heißt es »Klappern gehört zum Geschäft.«

9.2.2 Getarnte Eitelkeiten

»Wir sind alle Epikureer. Es gibt grobe und feine. Jesus war der feinste. Der Mensch tut, was ihm guttut.« Auch Georg Büchner hätte mit ziemlicher Sicherheit für Alfred Adler Partei ergriffen, für den es eine ausgemachte Sache war, dass der Mensch danach strebe, »Überlegenheit zu fühlen oder die eigene Persönlichkeit so weit zu heben, dass das Leben lebenswert erscheint.« Wer will schon zum Rest der Menschheit gehören? Nur der Masochist weidet sich lustvoll in dem Gefühl, eine mediokre Kreatur zu sein.

Nur Lumpen sind bescheiden? Ein weiterer Befund des Dichterfürsten zu diesem Thema lautet: »Was ist der Mensch für eine elende Kreatur, wenn er alle Eitelkeit abgelegt hat!« Das ist ein starker Satz und er lässt sich nachvollziehen: Lob und Anerkennung würden einen solchen Menschen gar nicht mehr erreichen und folglich auch kein Ansporn sein. Vielleicht würde er gar, einer Empfehlung Nathaniel Hawthornes folgend, jedem Menschen zuallererst seinen schlechtesten, zumindest aber seinen zweitschlechtesten Persönlichkeitszug verraten, aus dem der schlechteste ableitbar ist. Das aber dürfte ein menschliches Nebeneinander oder gar Miteinander unmöglich machen.

Eitelkeit kommt in den verschiedensten Tarnungen daher. Wer mit dem Rucksack zum Vorstellungsgespräch erscheint, ist nicht zwangsläufig weniger eitel als jener Kandidat, der vorsichtshalber seine Rostlaube außerhalb des Firmengeländes parkt. Er könnte damit ja seine bisherige Erfolglosigkeit zu Schau stellen.

Es gibt, wie bei allen menschlichen Eigenschaften, unterschiedliche Ausprägungen. Der Dandy muss, so Charles Baudelaire, »leben und schlafen vor einem Spiegel«. Das wäre der Narziss und damit der pathologische Fall. Und was wäre das gesunde Maß? Vielleicht lässt es sich aus einer Äußerung des berühmten Dandy Beau Brummell aus dem 19. Jahrhundert erschließen. Als dem einmal von einem Konkurrenten berichtet wurde, dass dieser so exzellent gekleidet gewesen sei, dass sich alle Welt nach ihm umgedreht habe, soll Brummell geantwortet haben: »Dann war er nicht gut angezogen.«

Eitelkeit ist ein fundamentales Merkmal der menschlichen Natur, denn es entspringt der im Dienste der Selbsterhaltung stehenden Eigenliebe. Verletzte Eitelkeit bzw. Eigenliebe geht deshalb oft bis ins Mark der persönlichen Existenz. Deshalb trifft Friedrich Nietzsches Definition den Kern: »Eitelkeit ist die Haut der Seele.«

Es geht nicht darum, um auf den Führungsprozess zurückzukommen, Mitarbeiter in Watte zu packen. Wirtschaft ist keine Veranstaltung für Mimosen und einfühlsame Psychotherapeuten. Angesichts eines immer gnadenloser werdenden Wettbewerbs, der ineffiziente Firmen und aus der Zeit gefallene Produkte zerstört, muss man hart im Nehmen sein. Aber gerade aufgrund des schnellen Wandels müssen sich die Unternehmen an den Menschen, nicht an Systemen ausrichten.

Achtung !

Der amerikanische Psychologe H. A. Maslow hat bereits 1954 mit seiner »Hierarchie« der Wünsche deutlich gemacht, was Menschen dazu bringt, das eine zu tun und das andere zu lassen. Bei allen Unzulänglichkeiten und Vereinfachungen trifft sein Modell nach wie vor recht gut die Wirklichkeit. Wenn die grundlegenden biologischen Bedürfnisse befriedigt sind (»Erst kommt das Fressen, dann kommt die Moral.«), melden sich Wünsche, die diesen übergeordnet sind – etwa nach Sicherheit und sozialer Zugehörigkeit. Diese Bedürfnisse werden im Maslowschen Stufensystem dann überschichtet vom Geltungsdrang, vom Streben nach Anerkennung und Ansehen.

Diese Motive muss man als Vorgesetzter bei seinen Mitarbeitern akzeptieren. In diesem Sinne soll dieses Kapitel mit einer zynischen Spitze von Truman Capote (»Frühstück bei Tiffany«) enden: »Erfolg ist so ziemlich das Letzte, was einem vergeben wird.«

9.3 Was die Generation Y will

Bei Eingabe des Begriffs »Generation Y« meldet Google 800 Millionen Einträge, was aber keineswegs bedeutet, dass es diese Alterskohorte mit ihren definierten Eigenschaften überhaupt gibt.

Schotten sind geizig und Spanier stolz, Frauen interessieren sich für Schuhe und Männer für Fußball. Der Begriff »Stereotyp« wurde 1922 von dem seinerzeit berühmten US-amerikanischen Journalisten, Schriftsteller und Medienkritiker Walter Lippmann eingeführt. Mit seinem viel beachteten Werk »Die öffentliche Meinung« (»Public Opinion«) begründete er die Stereotypenforschung. In seinem Verständnis wird das Stereotyp als »eine erkenntnis-ökonomische Abwehreinrichtung gegen die notwendigen Aufwendungen einer umfassenden Detailerfahrung« definiert. Stereotype sind also etwas für Denkfaule. Und er fügt hinzu: Stereotype sind »verfestigte, schematische, objektiv weitgehend unrichtige kognitive Formeln, die zentral entscheidungserleichternde Funktion in Prozessen der Um- und Mitweltbewältigung haben«. Nicht nur Führungskräfte müssen sich bei der Beurteilung ihrer Mitarbeiter vor Klischees hüten.

9.3.1 Der Priming-Effekt

Stereotype können negative und positive Folgen haben, aber in jedem Fall führen sie zu kognitiven Verzerrungen im Wahrnehmen und Urteilen. Der Begriff »Priming« (Bahnung) bezeichnet in der Psychologie die unbewusste Beeinflussung der Verarbeitung eines Reizes. Wenn die Generation Y in einschlägigen Publikationen als »egoistisch« beschrieben wird, könnte mit dieser Diagnose der Weg für die Wahrnehmung entsprechender Verhaltensmuster »gebahnt« werden.

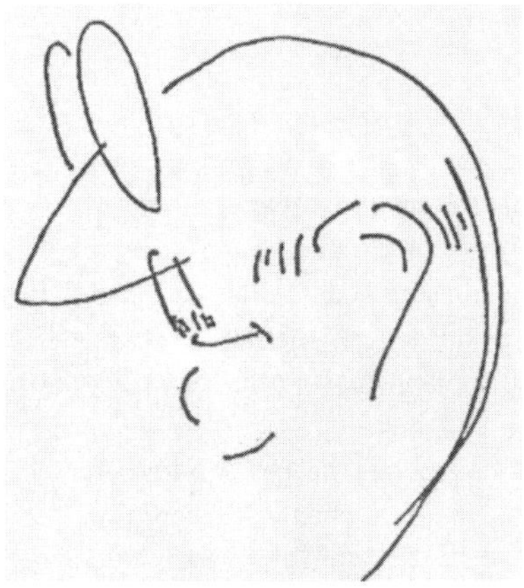

Was sehen Sie hier?

Der Priming-Effekt ist unser ständiger Begleiter. Zur Illustration sei folgendes Experiment geschildert. BWL-Studierenden wurde im Anschluss an eine Vorlesung die hier abgebildete Karikatur mit der Bitte gezeigt, spontan aufzuschreiben, was sie sehen. 95 Prozent der Probanden glaubte in dem Bild einen Mann mit Glatze zu erkennen. Die anderen konnten mit der Vorlage nichts anfangen und einige sahen eine Maus.

In einem zweiten Schritt wurde das Experiment mit Kunststudierenden durchgeführt. Die hatten nicht gezeichnet oder gemalt, sondern das Grundrecht auf Kunstfreiheit laut Artikel 5 Absatz 3 des Grundgesetzes diskutiert. Einen unschönen Grund dafür hatte ihnen damals der bayerische Ministerpräsident Franz Josef Strauß geliefert: »Ratten und Schmeißfliegen« nannte er 1978 Künstler und Intellektuelle und wurde mit diesem Satz zu deren Hassfigur. Zum Schluss der Veranstaltung wurde den Studierenden die Karikatur ebenfalls mit der Bitte gezeigt, ihren ersten Eindruck zu benennen. Die überwältigende Mehrheit sah eine Maus oder Ratte.

Zurück zur Führungspraxis: Wenn einem als angehende Führungskraft von seinem in Pension gehenden Vorgänger angeboten wird, die zu »erbenden« Mitarbeiter einmal hinsichtlich ihrer Leistungsfähigkeit einzeln zu besprechen, sollte man dies ablehnen. Man wird andernfalls »geprimt«.

9.3.2 Systematik der Alterskohorten

Der Philosoph Ludwig Wittgenstein, der sich insbesondere mit dem Zusammenhang zwischen Logik, Sprache und Bewusstsein befasst hat, stellt die Sprache ins Zentrum des Seins. Wenn wir andere und neue Begriffe erlernt haben, so sein Befund, verändert sich unser Denken. Begriffe bringen Ordnung in unsere Welt. Aber oft handelt es sich leider um Schubladen, die falsche Gewissheiten enthalten und damit eher Unordnung schaffen.

Hier die Alterskohorten, die seit einiger Zeit in mehr oder weniger seriösen Publikationen herumgereicht werden:

- Babyboomer
  - geboren zwischen 1946 und 1964
  - Maxime: »Leben, um zu arbeiten«
  - Merkmale: erfolgreich, liberal, möchten den Alltag entschleunigen
- Generation X
  - geboren zwischen 1965 und 1978
  - Maxime: »Arbeiten, um zu leben«
  - Merkmale: ambitioniert, individualistisch, ehrgeizig
- Generation Y
  - geboren zwischen 1979 und 1999
  - Maxime: »Leben und Arbeit im fließenden Übergang«
  - Merkmale: ichbezogen, technologieaffin, viele Möglichkeiten zur Auswahl
- Generation Z
  - geboren ungefähr ab 2000)
  - Maxime: »Me, My Selfie and I«
  - Merkmale: ausgeprägte Ungeduld, Karriereschritte werden zügig erwartet, vollständig virtuell aktiv

Selbstverständlich sind dieser Alterskohorten aufgrund der jeweiligen Lebensverhältnisse und erlebten historischen Ereignisse unterschiedlich geprägt. Die Jungen können mit der Kubakrise im Jahre 1962, als die Welt am Rande eines Atomkrieges stand, meist nichts anfangen, dafür aber mit YouTube, KI und Edge Computing. In diesem Sinne kann die Analyse der Generationen durchaus sinnvoll sein, wenn man dabei bedenkt, dass Statistiken über den Einzelfall nichts aussagen.

9.4 Work-Life-Balance

Am Work-Life-Balance-Konzept (W-L-B) kommt keine Führungskraft vorbei. Google meldet beeindruckende 1.650.000.000 Treffer. Das ist besonders erstaunlich, da die Thematik und der Begriff erst ab Mitte der 90er-Jahre nach Deutschland kamen und erst seitdem Bestandteil des allgemeinen gesellschaftlichen Diskurses sind.

Was ist dran an diesem Hype? Die Zukunftsforscherin Prof. Dr. Friederike Müller-Friemauth sprach auf einer Tagung der Hochschule FOM in Essen vom »Balance-Bullshit«. Und Christian Gast, Leiter Strategieberatung bei Jung von Matt, konstatiert, dass Work-Life-Balance aus der Leidenschaft für spannende Projekte und dem Engagement für die eigene Arbeit entstehe.

So kann man das auch sehen und als Führungskraft darüber nachdenken, wie man diese Einstellung für sich selbst und die anvertrauten Mitarbeiter hinbekommt. Den Obstkorb und die Yogaübung für zwischendurch braucht man dann nicht mehr.

Und wer chinesische Weisheiten schätzt, mag sich an Konfuzius (551 bis 479 v. Chr.) halten: »Wähle einen Beruf, den du liebst und du brauchst keinen Tag in deinem Leben mehr zu arbeiten.« Das wäre wohl die beste Option.

10 Führung und Unternehmenskultur

Google ist ein guter »Seismograph«. Wenn man den Begriff »Unternehmenskultur« eingibt, erhält man über acht Millionen Einträge. Offenbar handelt es sich um ein Thema, das seit einiger Zeit Furore macht. Und – wenn man so will – aus schlechten Gründen:

- VW-Personalchef-Chef Peter Hartz wurde 2007 wegen Untreue zu zwei Jahren Haft auf Bewährung verurteilt, weil der legendäre Arbeitsmarktreformer vielfach gegen Gesetze verstoßen und 2,6 Millionen Euro aus der Konzernkasse unter anderem für Lustreisen veruntreut hat.
- Reinhard S. hat auf Anweisung seiner Vorgesetzten bei Siemens ein System schwarzer Kassen aufgebaut, über das der gesamte Vorstand informiert war. Es handelte sich um den größten Korruptionsskandal in der deutschen Nachkriegsgeschichte. Die Konsequenzen: 800 Millionen Dollar Strafe und erhebliche Reputationsverluste.
- Vielfältige und jahrelange illegale Aktivitäten haben der Deutschen Bank ein enormes Strafzahlungsregister beschert. Die Bank gehört – gemessen an der Bilanzsumme – schon lange nicht mehr zu den Global Playern, nimmt aber im Ranking der Strafzahlungen einen der vordersten Plätze ein.
- Der Abgasskandal bei VW gehört zu den schwersten Krisen in der Unternehmensgeschichte. Die Bilanz: Millionen betrogener Dieselkäufer, Bußgelder in Milliardenhöhe, zerstörte Karrieren und Haftstrafen.
- Der Ergo-Skandal in der Gellert-Therme in Budapest. »Orgie mit 20 Prostituierten und Stehgeiger« titelte der Stern vom 15.8.2012. Unter dem Titel »Party-Total« fand eine Incentive-Reise für die Mitglieder der Vertriebsorganisation HMI (Hamburg Mannheimer International) statt, bei der die Führung die Buchung von Prostituierten als besonderes Highlight der Veranstaltung veranlasst hatte.

Eine Unternehmenskultur umfasst die Werte, Normen und Einstellungen, die das Verhalten der Organisationsmitglieder steuern bzw. prägen. Die genannten Beispiele zeigen, dass Werte und Normen bzw. deren Fehlen in erheblichem Maße die Wettbewerbs- und Zukunftsfähigkeit von Unternehmen bestimmen.

Es gab Zeiten, da wurde die Forderung nach einer regelkonformen Unternehmensführung mit der Ermahnung abgeschmettert, es gehe nicht darum, in den Himmel zu kommen, sondern ums Geldverdienen. Heute suchen immer mehr Unternehmen ihr Heil im Kulturwandel und in Compliance-Management-Systemen. »CMS« heißt die Zauberformel, die zukünftig die Einhaltung von Gesetzen, Richtlinien und freiwilligen Verhaltensgrundsätzen gewährleisten soll.

Hier ist jeder Mitarbeiter und natürlich erst recht jede Führungskraft gefordert, gemeinsame Werte und die daraus resultierenden Normen zu leben bzw. vorzuleben.

Dazu muss man allerdings erst einmal wissen, was »Unternehmenskultur« eigentlich ist. Mit dem Begriff hat man ja bekanntlich noch nicht die Sache.

10.1 Das Seerosenmodell der Unternehmenskultur

Der US-amerikanische Sozialwissenschaftler Edgar Schein hat ein Kulturmodell entwickelt, das sich am Aufbau einer Seerose orientiert.

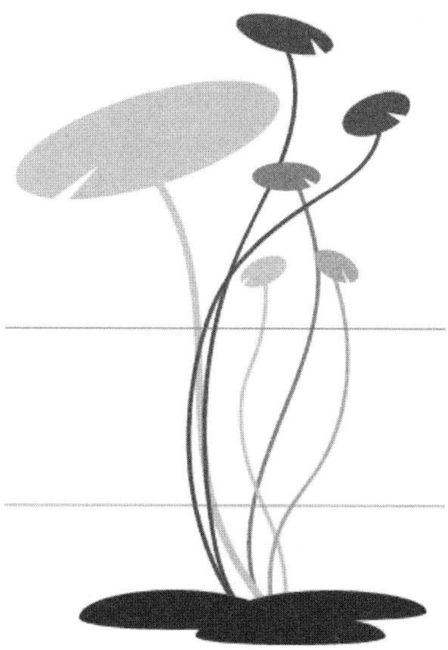

Das Seerosenmodell nach Schein

- Ebene 1: Die Blätter stehen für das beobachtbare Verhalten.
- Ebene 2: Die Stängel stehen für gemeinsame Werte, Haltungen und Einstellungen.
- Ebene 3: Die Wurzel steht für nicht direkt sichtbare Werte und frühe Prägungen.

Edgar Schein spricht bei der Ebene 1 von »Artefakten« und meint die von Menschen geschaffenen Ausdrucksformen, in denen sich eine Kultur bzw. Unternehmenskultur zeigt. Zu den Artefakten gehören unter anderem Umgangsformen, Dresscodes, Führungsstile, Statussymbole, Rituale, Geschichten, der Internetauftritt und das Corporate Design. Wenn ein Unternehmen einen Kulturwandel anstrebt, widmet es sich meist den Artefakten, also der obersten Ebene im Seerosenmodell, von denen es sich ein erkennbares Profil nach innen und nach außen verspricht.

!

»Sagt HOS zu mir!«

Im Januar 2016 bot Hans-Otto Schrader, der damalige Vorstand der Otto Group, allen Mitarbeitern das »Du« an. Dadurch sollten hierarchische Barrieren abgebaut und ein neues Wir-Gefühl geschaffen werden.
Inzwischen gibt es einen neuen mehrköpfigen Vorstand, der sich 2018 an die knapp 50.000 Mitarbeiter mit der folgenden Nachricht wandte: »Deshalb möchten wir allen Kolleginnen und Kollegen hiermit das Du anbieten. Wir laden euch dazu ein! Herzlich Alexander, Hanjo, Hans-Otto, Neela, Petra, Rainer & Winfried.«[8]
Lässt sich ein Konzern durch Duzen retten? Immerhin hatte die Otto Group 2015 Verluste gemacht. »Kulturwandel 4.0« heißt der Transformationsprozess, mit dem der Konzern die Herausforderungen der digitalen Welt meistern will.

Die zweite Ebene der Unternehmenskultur nach Edgar Schein ist mit den »Zehn Geboten« der Bibel vergleichbar, mit denen die Menschheit ja zwiespältige Erfahrungen gemacht hat und immer noch macht. In Unternehmen spricht man vom »Code of Conduct« und meint damit Richtlinien und Regelungen, die sich Unternehmen im Rahmen einer freiwilligen Selbstbindung auferlegen. Es handelt sich um Verhaltensanweisungen, die bei den Mitarbeitern erwünschtes Verhalten steuern und unerwünschte Handlungen verhindern sollen. Inhaltlich geht es beispielsweise um Führungsprozesse, den Umgang mit Kunden, Prinzipien der Zusammenarbeit, den öffentlichen Auftritt (»Employer Branding«) und den Umgang mit Korruption.

Auf der dritten Ebene – also unten im Schlamm – befindet man sich im Zuständigkeitsbereich der Tiefenpsychologie, für die der Grundsatz gilt, dass das Unsichtbare gefährlich sei. Kaum ein Ereignis hat so nachhaltig die Menschheit bewegt wie der Untergang der Titanic im Jahre 1912. Wäre das Schiff mit einem Felsen zusammengestoßen oder einem Feuer zum Opfer gefallen – schlimm genug. Aber das Schicksal des größten Passagierdampfers seiner Zeit wurde durch einen Eisberg besiegelt und der steht symbolisch nicht nur in der angewandten Psychologie für Unwägbarkeiten und böse Überraschungen.

»Was den Job schwierig macht, sind die ungeschriebenen Gesetze. Nie wissen Sie, woran Sie sind, es redet ja keiner offen.« Dieser eher deprimierende Befund stammt von dem ehemaligen Lufthansa-Vorstand Adrian von Dörnberg. Und Ulrich Weber, Fachanwalt für Arbeitsrecht, resümiert, dass die meisten an »internen Spielchen« scheiterten, die auf den ersten Blick nicht sichtbar sind. Aber man kann versuchen, sie aus dem Sichtbaren zu erschließen.

8 Quelle: ZEIT Hamburg Nr. 20/2018, 9. Mai 2018

10.2 Die Selffulfilling Prophecy

Inzwischen gibt es viele interessante und wissenschaftlich saubere Untersuchungen zur Wirkung von sich selbst erfüllenden Prophezeiungen. Ein Experiment soll hier kurz dargestellt werden, weil die Ergebnisse besonders überzeugend waren. Die amerikanischen Psychologen Robert Rosenthal und Leonore Jacobsen besuchten eine kalifornische Grundschule und erklärten den Lehrern, dass sie an einem Forschungsprojekt über Intelligenzmessungen arbeiteten und unter anderem feststellen könnten, dass alle Kinder in ihrer schulischen Entwicklung Hügel, Ebenen und Täler zeigen.

Das ist für die Lehrer selbstverständlich nicht neu gewesen, neu war für sie aber der »Harvard Test of Inflected Intelligence«, mit dem man potenzielle »Aufblüher« angeblich rechtzeitig identifizieren könne. Und tatsächlich fanden die Experimentatoren mehrere Kinder, die den Testresultaten zufolge unmittelbar vor einem erfreulichen Entwicklungsschub stünden, und teilten dies den Lehrern mit. Acht Monate später erschienen die Forscher verabredungsgemäß ein weiteres Mal, um eine Testwiederholung durchzuführen und fanden, was sie erwartet hatten: Die gegenüber den Lehrern nach den damaligen Testergebnissen als »Aufblüher« bezeichneten Kinder hatten sich im Vergleich zu den »Nichtaufblühern« in ihren Schulnoten und im persönlichen Urteil der Pädagogen in der Zwischenzeit deutlich verbessert.

Natürlich gab es weder einen »Harvard Test of Inflected Intelligence« – es handelte sich um einen üblichen IQ-Test – noch wirkliche »Aufblüher«. Rosenthal und Jacobsen hatten einfach per Zufall einige Namen aus dem Hut gezogen. Die ausgelosten Kinder profitierten dennoch in doppelter Hinsicht davon, denn sie hatten sich nicht nur in den Noten verbessert, sondern der zweite Test bescheinigte ihnen auch noch erhöhte IQ-Werte.

Man wird – natürlich gibt es da auch Grenzen –, wie man gesehen wird. Kein Vorgesetzter kann die hier beschriebenen Möglichkeiten der Potenzialentwicklung von Mitarbeitern auf Dauer ignorieren, ohne den Human Resources Schaden zuzufügen.

Das Phänomen ist offenbar so alt wie die Menschheit. Zur Erinnerung: Pygmalion war ein sagenhafter König von Tyros, der sich der Überlieferung zufolge in eine von ihm selbst gefertigte Statue einer Jungfrau verliebt hatte. Auf sein Bitten hin hatte die Göttin Aphrodite ein Einsehen und belebte die Statue. Pygmalion nahm sie zur Gemahlin und lebte mit ihr glücklich bis ans Ende seiner Tage. Das Bild, das er sich gemacht hatte, war Wirklichkeit geworden. Deshalb spricht man auch vom »Pygmalion-Effekt«, wenn jemand aufgrund positiver Erwartungen über sich hinauswächst. »Nichts«, so der Theologe und preußische Wissenschaftsorganisator Adolf von Harnack, »kann einen Menschen mehr stärken als das Vertrauen, das man ihm entgegenbringt.«

In diesem Sinne eignet sich das folgende Credo gut als Richtschnur für erfolgreiche Führungsprozesse:

- Was wir tun können, wird dadurch beeinflusst, was wir glauben tun zu können,
- was wir glauben, tun zu können, wird beeinflusst durch das, was andere glauben, was wir tun können, und
- deshalb wird das, was wir tun können, davon beeinflusst, was andere glauben, was wir tun können.

Zweifellos stecken im Pygmalion-Effekt sagenhafte Möglichkeiten insbesondere für Führungskräfte, Eltern und Erzieher.

10.3 Menschenbilder und Führungserfolg

Douglas Murray McGregor war Professor für Management am Massachusetts Institute of Technology und gilt mit seiner X-Y-Theorie als einer der Gründerväter des zeitgemäßen Managementhandelns. Bei seinen Überlegungen zum erfolgreichen Führungsprozess untersuchte er Menschenbilder von Führungskräften, also deren Vorstellungen von der »Natur« des Menschen, der »condicio humana«. McGregor ging davon aus, dass solche Vorstellungen – mögen sie richtig oder falsch sein – unser Verhalten gegenüber anderen bestimmen. Die ehemalige britische Premierministerin Margaret Thatcher hat die Relevanz von Menschenbildern auf den Punkt gebracht: »Man kann nicht von einem falschen Menschenbild ausgehen und auch noch erfolgreich sein wollen.«

Menschenbilder in Philosophie und Arbeitswissenschaften !

Pessimistische Menschenbilder

- **Der Mensch ist undankbar und heuchlerisch.**
  Dieser Auffassung war Niccolò Machiavelli (1469–1527), italienischer Staatsmann, Philosoph und Berater der Fürsten. Sein Rat lautete: »Die Menschen sind entweder liebenswürdig zu behandeln oder unschädlich zu machen, denn wegen geringfügigen Unrechts rächen sie sich.« Machiavelli, Begründer des Machiavellismus als politische Theorie, gilt als Meister der Manipulation, für den der Betrug ein notwendiges Mittel der Politik war. Heute spricht man in diesem Zusammenhang von »Fake News«. Machiavellis Anleitung zum skrupellosen Umgang mit der Macht ist heute hoch aktuell. Wie kann man sich rücksichtslos durchsetzen, ohne das Bild eines zu großen Schweins abzugeben?
- **Der Mensch ist selbstsüchtig und auf seinen Vorteil aus.**
  Der im 18. Jahrhundert lebende schottische Wirtschaftstheoretiker und Begründer der Nationalökonomie Adam Smith machte weltweit Furore mit seinem Werk »Der Wohlstand der Nationen«. Dieser allgemeine Wohlstand ist nach seinem Dafürhalten nur möglich, wenn alle Individuen im Rahmen der gesellschaftlichen Grenzen nach ihrem individuellen Maximum an Glück streben würden.

- **Der Mensch überlebt nur, wenn er tüchtig ist.**
  Der Natur- und Evolutionsforscher Charles Darwin gehört zu jenen, die unser Weltbild maßgeblich verändert haben. Damit ist er auch zur Reizfigur geworden. Das Konzept vom »survival of the fittest« wird von vielen als inhumaner Sozialdarwinismus kritisiert und als Markenkern der Marktwirtschaft diffamiert.
- **Der Mensch ist wie ein Teil einer Maschine.**
  Frederick W. Taylor (1856–1915) begründete den arbeitswissenschaftliche Ansatz der Steuerung von Prozessabläufen (Scientific Management). Im Mittelpunkt der Überlegungen stand der »economic man«, dessen Arbeitsproduktivität es durch eine konsequente Rationalisierung zu erhöhen galt. Merkmale des »Taylorismus« sind Trennung von Kopf- und Handarbeit, Zeitstudien zur Ablaufverbesserung, die Ermittlung von Vorgabezeiten für einzelne Verrichtungen und ein ausgefeiltes Akkordlohn-System. Henry Ford hat den Ansatz von Taylor weiterentwickelt und das Fließband in der Automobilfertigung eingeführt (Fordismus). Das Revolutionäre daran war, dass die Arbeit nun zum Menschen kam und diesem seelenlos den Takt vorgab.
- **Der Mensch ist ein geborener Verbrecher.**
  Die Kriminalitätstheorie von Cesare Lombroso (1835–1909), italienischer Arzt und Professor der Gerichtsmedizin und Psychiatrie, geht davon aus, dass Kriminalität anlagebedingt ist. Bei bestimmten Individuen helfen keine Erziehungs- und Sozialisationsmaßnahmen, um diese zu halbwegs gesetzestreuen Mitmenschen zu formen.
  »Der Apfel fällt nicht weit vom Stamm.« In diesem Sprichwort ist immer noch die Auffassung aufbewahrt, dass die Herkunft den Lebensweg bestimmt.

Optimistische Menschenbilder

- **Der Mensch ist das Maß aller Dinge.**
  Diese bereits in der Antike diskutierte Aussage hat insbesondere Immanuel Kant (1724–1804) vertreten. Entscheidend für Kant ist, dass der Mensch kein Mittel für andere Zwecke wie Staat, Wirtschaft oder Politik sei, sondern Selbstzweck ist. In dieser Aussage bündeln sich Ideale wie Autonomie, Freiheit und Würde. Für eine aufgeklärte Führungskraft verbietet sich auf dieser Grundlage die ausschließliche Instrumentalisierung der Mitarbeiter zum Zweck der Zielerreichung.
- **Der Mensch ist vernünftig.**
  Der Naturwissenschaftler und Philosoph John Locke (1632–1704) gilt als Vater des liberalen Rechtsstaates. Er glaubt an die Vernunft des Menschen – nur in Ausnahmefällen verhielten sich Menschen »unvernünftig«. Nur dann soll man als Führungskraft korrigierend eingreifen.
- **Der Mensch wird von der Gesellschaft geprägt.**
  John B. Watson (1878–1958) war ein US-amerikanischer Psychologe, der die psychologische Schule des Behaviorismus begründete. Sein anmaßendes Versprechen lautete: »Gebt mir ein Dutzend wohlgeformter, gesunder Kinder und meine eigene, von mir entworfene Welt, in der ich sie großziehen kann, und ich garantiere euch, dass ich jeden von ihnen zufällig herausgreifen kann und ihn so trainieren kann, dass aus ihm jede beliebige Art von Spezialist wird – ein Arzt, ein Rechtsanwalt, ein Kaufmann und, ja, sogar ein Bettler und Dieb, ganz unabhängig von seinen Talenten, Neigungen, Tendenzen, Fähigkeiten, Begabungen und der Rasse seiner Vorfahren«.

Diese Omnipotenzfantasien sind abwegig, aber der Gedanke, dass der Mensch durch sein soziales Umfeld bzw. durch Sozialisationsagenten wie Familie, Kita, Schule, Freunde, Betrieb oder Hochschule geformt wird, gilt heute als selbstverständlich. In diesem Sinne können Führungskräfte insbesondere durch einen transformationalen Führungsstil – also das Transformieren von Werten und Einstellungen bei den Geführten – wirksam werden.

- **Der Mensch hat hochwertige Motive.**
  Der bereits erwähnte US-amerikanische Psychologe Abraham Maslow gilt als Gründervater der humanistischen Psychologie. Aus seinem Menschenbild heraus hat er ein Stufenmodell der Motivation entwickelt, das als »Maslowsche Bedürfnispyramide« weltweit Aufmerksamkeit fand. Ganz oben im Stufenmodell befinden sich die »Wachstumsbedürfnisse«, die sozusagen im »Bedürfnis nach Selbstverwirklichung« gipfeln. Maslow sieht im Menschen ein oft wenig erkanntes und schon gar nicht entwickeltes Potenzial zur Selbstverwirklichung. Hier könnten Führungskräfte mit dem weiter oben besprochenen Konzept der »situativen Führung« von Hersey und Blanchard ansetzen, das sich an der »Reife« der Mitarbeiter orientiert.

Die X-Y-Theorie von McGregor umfasst im Prinzip zwei Pole: Die **Theorie X** bezieht sich bei Douglas McGregor auf ein pessimistisch-negatives Menschenbild, demzufolge Menschen tendenziell arbeitsscheu und nur durch Sanktionen – also Belohnungen und Strafen – zu bewegen seien. »Zuckerbrot und Peitsche« – diese Methode der Willensdurchsetzung und Verhaltenssteuerung hat immer noch viele Anhänger. Eines der wichtigsten Führungsinstrumente ist bei dieser Haltung die Kontrolle. Aber wer so führt, gerät in einen Teufelskreis. Er produziert im Sinne einer Selffulfilling Prophecy bei den Mitarbeitern genau jene Eigenschaften und Verhaltensweisen, die er von vornherein von ihnen erwartet.

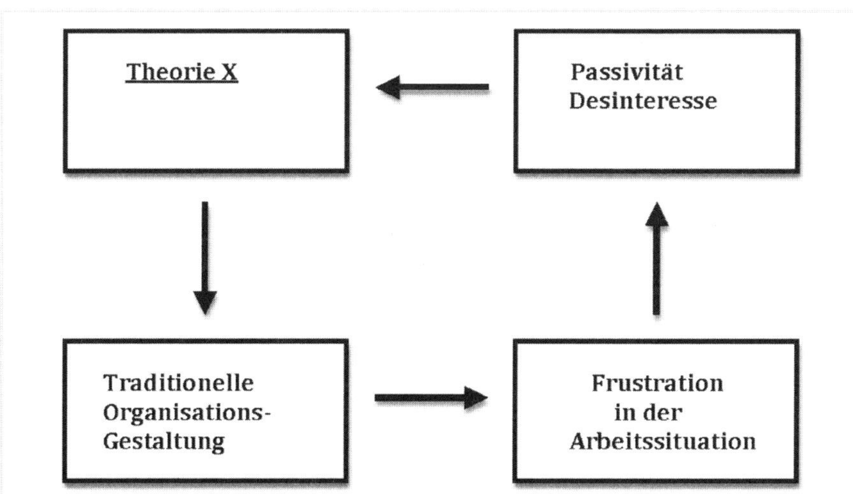

Der Teufelskreis der X-Theorie

Die **Theorie Y** dagegen repräsentiert ein optimistisch-positives Menschenbild: Mitarbeiter haben grundsätzlich Freude an der Arbeit, wenn sie richtig eingesetzt werden bzw. wenn ihnen diese nicht durch ein falsches Führungsverhalten verdorben wird. Die Y-Theorie geht des Weiteren davon aus, dass Mitarbeiter im Rahmen ihrer Möglichkeiten gern Verantwortung übernehmen und entwicklungsfähig sind. Nach diesem Verständnis wird man beispielsweise nicht als Führungskraft geboren, sondern kann sich unter bestimmten Umständen zu einer Führungskraft entwickeln.

Diese Auffassung von der Natur des Menschen bzw. Mitarbeiters bewirkt im Sinne der Selffulfilling Prophecy einen »Engelskreis«.

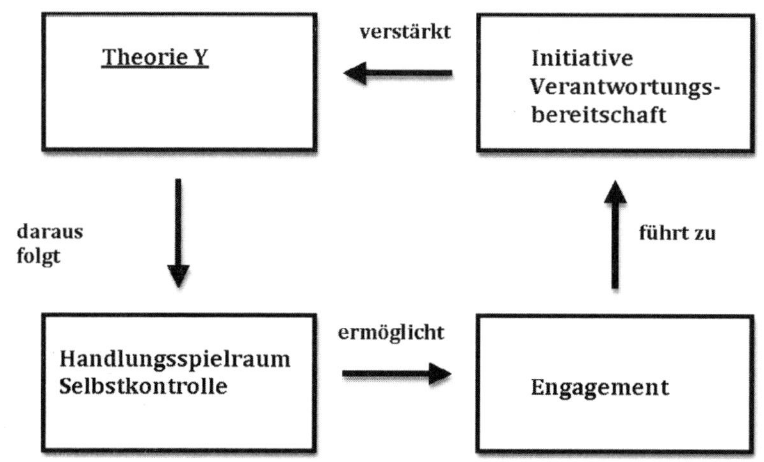

Der Engelskreis der Theorie Y

Man wird, wie man gesehen wird. Ein Vorgesetzter, der seine Mitarbeiter spüren lässt, dass er nicht viel von ihnen hält, untergräbt deren Leistungsvermögen und Leistungsbereitschaft. Andererseits kann er ihnen durch eine positive Erwartungshaltung genau jenen seelischen Rückenwind geben, der gute Arbeitsergebnisse und Zufriedenheit im Job begünstigt.

10.4 Vertrauenskultur

Eine gute Orientierungshilfe für die Relevanz einer Vertrauenskultur gibt der bereits erwähnte Systemtheoretiker Niklas Luhmann: »Im Akt des Vertrauens wird die Komplexität der zukünftigen Welt reduziert.« Ohne Vertrauen wären Menschen nicht lebensfähig. Wer alles bedenkt, verwirft und wieder bedenkt, würde zu nichts mehr kommen und als Führungskraft an der eigenen Entscheidungsschwäche scheitern.

Tausend Mal am Tag bleibt einem kaum etwas übrig, als sich auf andere zu verlassen. Die Ampel steht auf grün, also kann ich getrost fahren. Der Arzt stellt eine Diagnose und es bleibt einem als Laie nichts anderes, als sich auf seine Expertise zu verlassen. Der Mitarbeiter verspricht, die vereinbarte Deadline für ein eigenverantwortliches Projekt einzuhalten, und man muss ihm vertrauen oder das Projekt selbst machen.

Die Komplexität der Situation, in der man entscheiden und handeln muss, wird vielen Führungskräften und Unternehmen zum Verhängnis. Aus guten Gründen arbeiten viele Firmen an der Implementierung einer Vertrauenskultur, die von den Führungskräften im Umgang mit den Mitarbeitern umgesetzt und gelebt werden muss. Vertrauen reduziert Kosten, in der Betriebswirtschaftslehre spricht man von »Transaktionskosten«, die durch Kontrolle und Überwachung entstehen. Und Vertrauen wirkt sich motivierend auf die Mitarbeiter aus. Aber – so Niklas Luhmann weiter – Vertrauen ist eine »riskante Vorleistung«. Das ist das Dilemma, in dem Führungskräfte stecken.

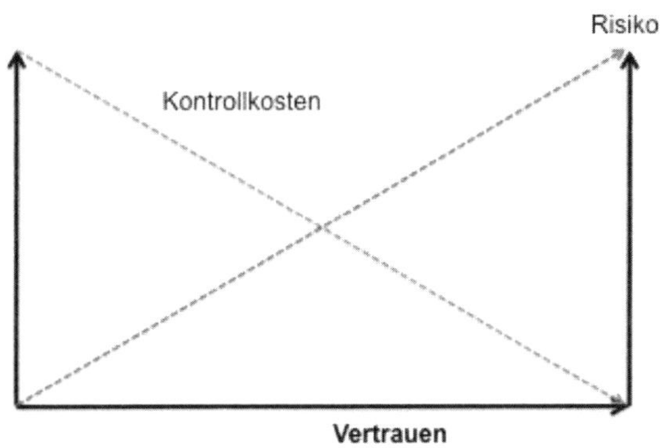

Vertrauen, Risiko und Kontrollkosten

Das Risiko, als Vertrauensgeber enttäuscht oder gar getäuscht zu werden, lässt sich allerdings minimieren. Noch einmal Niklas Luhmann: »Man kann nicht ohne jeden Anhaltspunkt und ohne alle Vorerfahrungen Vertrauen schenken.« Deshalb muss eine Führungskraft viel über jene wissen, die sie zu führen hat. Es gilt, Persönlichkeitsmerkmale wie Glaubwürdigkeit, Verlässlichkeit und Authentizität richtig einzuschätzen, und natürlich muss man ein realistisches Bild von den Fachkompetenzen der Mitarbeiter haben. Das erfordert eine gehörige Portion an Menschenkenntnis und Urteilsvermögen. Und es ist mit Anstrengung verbunden, die sich der Anhänger der X-Theorie nach McGregor nicht machen müssen. »Mißtrauisch bist du?«, fragt der österreichische Dramatiker und Aphoristiker Arthur Schnitzler. »Ich verstehe dich: du willst dir die Mühe ersparen, die Menschen kennen zu lernen.«

!

Ebenen des Vertrauens

Um eine echte Vertrauenskultur zu etablieren, muss diese auf drei Ebenen erzeugt und gelebt werden:

- **Personelles Vertrauen**
  Hier geht es um das Vertrauen in Personen des unmittelbaren sozialen Umfeldes. Dazu gehören beispielsweise Familienangehörige, Freunde, Nachbarn, Kollegen und der direkte Vorgesetzte.
- **Systemisches Vertrauen**
  Gemeint ist damit das politische Vertrauen bzw. das Vertrauen auf ein ganzes gesellschaftliches System. Dazu gehören Institutionen, Organisationen und damit auch das eigene Unternehmen.

Hier ist das Ergebnis einer einschlägigen Umfrage von 2019[9]:

Zu welchen Institutionen haben Sie großes Vertrauen?	
Polizei	81 %
Eigener Arbeitgeber	76 %
Ärzte	74 %
Umweltorganisationen	64 %
Bundeswehr	61 %
Sparkassen	54 %
Bundesregierung	41 %
Gewerkschaften	37 %
Wirtschaft	32 %
Katholische Kirche	29 %
Banken	21 %

- **Interpersonelles Vertrauen**
  Interpersonelles Vertrauen stellt eine allgemeine Erwartungshaltung bei Individuen oder Gruppen dar, sich auf Worte und Versprechen verlassen zu können. Das gilt für mündliche und schriftliche Aussagen.
  1950 entwickelte der Freudschüler und Kinderpsychologe Erik Erikson das Konzept des »basic trust«. In Deutschland spricht man in der Entwicklungspsychologie in diesem Zusammenhang vom »Urvertrauen« bzw. »Urmisstrauen«, das sich bereits in früher Kindheit auspräge und oft ein Leben lang verhaltenswirksam bleibe.

9 Quelle: https://de.statista.com/statistik/daten/studie/3612/umfrage/institutionen-denen-die-deutschen-vertrauen/

10.5 Fehlerkultur

Bereits seit einigen Jahren plädieren Schulexperten für eine neue Wertschätzung des Fehlermachens und auch Unternehmen propagieren längst den Mut zum Fehler. So etwa Martin Herrenknecht, dessen Unternehmen Weltmarktführer für Tunnelbohrmaschinen ist: »Versuch und Irrtum müssen erlaubt sein. Viele heute bewunderte Geschäftsideen waren doch anfangs auch nichts als ein verrückter Gedanke.«

Aber solche vermeintlich plausiblen Ansagen haben ihre Tücken und darauf wurde ja auch bereits an anderer Stelle hingewiesen. Der Medizinische Dienst des »Spitzenverbandes Bund der Krankenkassen« hat 2018 in einer Statistik über Behandlungsfehlergutachten 14.100 Fälle vermerkt. Seit 2009 ist dies ein Plus von fast 4.000 »Kunstfehlern« im Medizinbetrieb. In einem Viertel aller Fälle wurde der Behandlungsfehlervorwurf bestätigt. »Trial and Error« am Operationstisch?

Damit ist dem Bemühen um die Etablierung einer Fehlerkultur keine Absage erteilt, aber man muss klären, was damit überhaupt gemeint sein kann. Auf keinen Fall kann es die »Wertschätzung des Fehlermachens« sein. Wenn eine Brücke einstürzt, weil der Ingenieur die Statik falsch berechnet hat, kann man ihn dafür nicht auch noch loben. Und wer Abgaswerte von Dieselmotoren manipuliert – man kann es ja mal probieren –, gehört vor Gericht und nicht in die Karrierepipeline.

Ein entscheidender Faktor der Unternehmenskultur ist der Umgang mit Fehlern. Und da muss zunächst geklärt werden, welche Fehler inakzeptabel sind und welche Fehler im Sinne des Erfolgsprinzips »Trial and Error« akzeptiert werden sollten, damit ein Unternehmen zukunftsfähig bleibt. Wenn Betriebe sich reorganisieren oder vermeintlich innovative Produkte auf den Markt bringen, ist das Risiko des Scheiterns nicht weit. Die Restrukturierung kann sich als kontraproduktiv erweisen und das Produkt untergehen, obwohl die Marktstudien großartige Ergebnisse erbracht haben. Wer kein Risiko eingehen will, geht das größte Risiko ein.

Die Qualität einer zielführenden Fehlerkultur erkennt man daran, ob Mitarbeiter entdeckte und vor allem selbst gemachte Fehler thematisieren und sich mit ihnen auseinandersetzen wollen und können – und zwar ohne Sanktionen befürchten zu müssen. Im Gegenteil: Die Entdeckung eines systematischen Fehlers in Abgrenzung zum zufälligen Fehler sollte belohnt werden.

Die Deutsche Bank hat 2018 versehentlich 28 Milliarden Euro auf ein falsches Konto überwiesen. Einem Medienbericht zufolge konnte der Fehler schnell rückgängig gemacht werden. Bei dieser Gelegenheit wurden aber Mängel in den Kontrollprozessen innerhalb der Bank offensichtlich. Wer hier mit dem Finger auf suboptimale interne Prozesse zeigt, darf nicht als Nestbeschmutzer diffamiert werden.

! **Qualitätsmanagement abschaffen?**

In den letzten Jahrzehnten hat sich eine konträre Haltung zum ausgefeilten Qualitätsmanagement entwickelt. Ein Vertreter der fehlerfreundlichen Strategien ist Tom Peters. Er vertritt die Ansicht, dass kontinuierliche Verbesserungen mit dem Streben nach Perfektion den Erfolg verhindern. Tom Peters: »Die Zielvorgabe Perfektion um der Perfektion willen kann zu katastrophalen Fehlern ausarten.«
Tom Peters mag ja ein renommierter US-amerikanische Unternehmensberater sein, aber diese Einlassung ist gewöhnungsbedürftig. Perfektion ist kein Selbstzweck, sondern es geht um Effizienz, Kundenzufriedenheit und damit um Wettbewerbsfähigkeit. Eine fehlerfreundliche Haltung mag interne Kreativität fördern und somit wichtig für die Innovationsfähigkeit eines Unternehmens sein. Aber was ist, wenn sich die Kunden Fehler nicht gefallen lassen, Regressforderungen stellen und für schlechte Reputation sorgen?

Vielleicht gibt der renommierte Ökonom John Maynard Keynes eine brauchbare Richtschnur für dieses komplizierte Thema: »Fehler sind nützlich, aber nur, wenn man sie schnell findet.«

11 Führung und Konfliktmanagement

In den Jobportalen finden sich hunderte von Stellenangeboten mit den Stichworten »Konfliktfähigkeit«, »Konfliktmanagement« oder »Konfliktregulierung«. Ein typisches Beispiel:

Beispiel für ein Stellenangebot !

»Teamleiter (m/w/d) System Design
Hohe Team-, Moderations- und Konfliktfähigkeit, Sozialkompetenz sowie (...).«

Zum Leistungsprofil von Führungskräften gehört die Fähigkeit, Konflikte rechtzeitig zu erkennen, sachkundig zu analysieren und im Sinne der Zielerreichung zu regulieren.

11.1 Thesen zur Konfliktpsychologie

Die folgenden Thesen zur Konfliktpsychologie sollten nicht nur Führungskräfte kennen:

- **Konflikte sind eine Grundbedingung des Lebens.**
  Nach der Bibel beginnt die Menschheitsgeschichte mit einem durch einen Apfel ausgelösten Konflikt. Der Begriff ist abgeleitet vom Lateinischen »confligere« und heißt so viel wie »zusammenprallen«.
- **Konflikte sind eine wichtige Funktionsbedingung von Entwicklung und Fortschritt.**
  Nur durch Widerspruch kann Großes entstehen. Jemand stellt eine These auf, darauf folgt die entgegengesetzte Antithese. Ein Konflikt zwischen diesen zwei Standpunkten entsteht. Die Konfliktlösung ist die Synthese. Hier ein historisches Beispiel: Bis ins 20. Jahrhundert gab es einen heftigen Konflikt zwischen Kapital und Arbeit bzw. Kapitalismus und Sozialismus. Eine Synthese wurde im Artikel 4 Absatz 2 GG (Grundgesetz) gefunden: »Eigentum verpflichtet. Sein Gebrauch soll zugleich dem Wohle der Allgemeinheit dienen.«
- **Durch »Ketzer« und Andersdenkende ist die Menschheit die Treppe hinaufgefallen.**
  Man denke an Galileo Galilei (»Und sie bewegt sich doch!«) oder Martin Luther (»Hier stehe ich. Ich kann nicht anders!«). Als Ende der 60er-Jahre durch den Container eine Revolution in der Handelsschifffahrt ausgelöst wurde, dekretierte der Hamburger Wirtschaftssenator Ernst Plate »Diese Kiste kommt mir nicht in den Hafen.« Das entsprach damals auch der Mehrheitsmeinung der Hamburger Bürgerschaft: »Wenn der Container die Elbe hinaufkommt, stirbt der Hafen.« Zum Glück haben sich Andersdenkende am Ende durchgesetzt.

- **Ziel der Konfliktregulierung sollte eine »Win-win-Situation« sein. Alle Konfliktparteien gehen als »Sieger« vom Feld.**
  »Lose-lose-Situationen« gibt es beispielsweise, wenn alle Unternehmen einer Branche »über den Preis« gehen und dadurch bei allen die Erlöse schrumpfen. »Lose-lose« kann auch dadurch entstehen, dass eine Führungskraft rücksichtslos ihre Interessen durchzusetzen versucht und damit eine hohe Fluktuation bzw. einen hohen Krankenstand auslöst. Wer seine Mitarbeiter nicht halten kann, wird vom Unternehmen irgendwann aber auch nicht mehr gehalten.
  Eine »Lose-win-Situation« kann in betriebsbedingten Kündigungen bestehen. Mitarbeiter gehen und das Unternehmen ist gerettet oder eine neue IT-Infrastruktur macht Arbeitsplätze überflüssig.
- **Konflikte produzieren Verlierer. Deshalb hat der Wandel so viele Feinde.**
  Da sind jene, die ihren Widerstand damit begründen, dass man etwas schon immer so gemacht habe, und da sind andere, die um ihre Besitzstände fürchten. Da gibt es des Weiteren eine Gruppe von Mitarbeitern, die sich gekränkt fühlen: »War denn alles so schlecht, was wir früher gemacht haben?« Dann gibt es jene, die grundsätzlich gegen alles Neue sind (»Neophobiker«) und die Zyniker, die sich mit dem Hinweis wegducken, dass sie erst einmal abwarten würden, wann »die nächste Sau durchs Dorf getrieben werde«.
- **Konflikte, die ignoriert bzw. nicht gelöst werden, vernichten Ressourcen.**
  Ungelöste Konflikte wirken wie Kriechströme, die Energien unproduktiv absorbieren. Im zwischenmenschlichen Bereich handelt es sich um mentale und physische Energien. Seele und Körper machen irgendwann schlapp.

Vor diesem Hintergrund besteht eine wesentliche Führungsaufgabe darin, Konfliktmanagement zu betreiben.

11.2 Innerpsychische Konflikte

Wenn man Konflikte regulieren möchte bzw. diese bereits im Vorfeld verhindern will, muss man zunächst wissen, welche Konfliktarten es gibt und wo die Verursacher zu finden sind.

Appetenz-Appetenz-Konflikt

Der Volksmund spricht von der »Qual der Wahl«. Man möchte zum Beispiel sowohl an der Ostsee als auch in den Alpen Urlaub machen. Wohin soll es denn nun gehen? Eine Führungskraft sucht einen neuen Mitarbeiter und hat zwei vermutlich geeignete Kandidaten zur Auswahl. Wen nehmen? Diskutiert werden zwei vielversprechende Maßnahmen zur Prozessoptimierung, die sich aber ausschließen. Was tun?

Der Appetenz-Appetenz-Konflikt gehört zu den häufigsten Konfliktarten sowohl im privaten als auch im beruflichen Leben. Es gibt zwei Ziele, die angestrebt werden, und man muss sich für eines entscheiden.

!

Die Qual der Wahl

Das Entscheidungsproblem gehört wohl zu den häufigsten in der Geschichte der Menschheit. Natürlich könnte man einwenden, dass dies ein Luxusproblem sei, aber wer sich zwischen zwei Jobangeboten oder zwei potenziellen Lebenspartnern entscheiden muss, wird das anders sehen. In der Betriebswirtschaftslehre spricht man von »Opportunitätskosten«, die dadurch entstehen, dass vorhandene andere Möglichkeiten (Opportunitäten) nicht wahrgenommen werden. »Hätte, hätte, Fahrradkette« heißt es dann später.

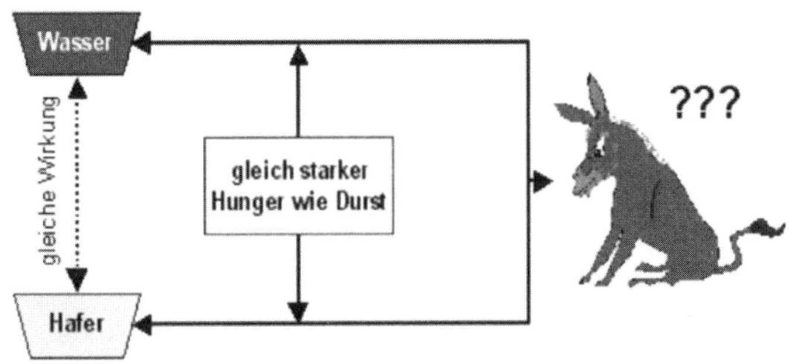

Buridans Esel: Wie wird er sich entscheiden?

Buridans Esel ist ein philosophisches Gleichnis, das auf den persischen Philosophen Al-Ghazālī zurückzuführen ist. Wie wird sich der Esel, der sowohl Hunger als auch Durst hat, entscheiden? Welchem Bedürfnis wird er nachgehen? Er kann sich nicht entscheiden und wird deshalb verhungern und verdursten.
Als Führungskraft sollte man das Schicksal von Buridans Esel kennen. So mancher Vorgesetzte scheitert an seiner Entscheidungsschwäche.

Appetenz-Aversions-Konflikt

»Wasch mir den Pelz, aber mach mich nicht nass!« So will es der Volksmund. Der Nutzen von Veränderungen wird begrüßt, aber die damit verbundenen Unannehmlichkeiten möchte man vermeiden.

Da findet man als Personaler nach einem aufwendigen Suchprozess einen neuen Mitarbeiter, den man sehr gern einstellen möchte. Eigentlich ist alles perfekt – und dann fragt der Kandidat der Wahl kurz vor der Vertragsunterzeichnung, ob eine Probezeit vorgesehen sei. Nach einem Ja zieht der Jobaspirant seine Bewerbung wieder zurück. Ein typischer Appetenz-Aversions-Konflikt.

Aversions-Aversions-Konflikt
Pest oder Cholera? Bei dieser Wahlmöglichkeit möchte man meinen, dass eine Entscheidung sinnlos ist und man das Schicksal walten lassen sollte. Aber die Wahl zwischen zwei Übeln kann langfristig, wenn die Entscheidung richtig war, durchaus vorteilhaft sein. Lohn- und Gehaltsverzicht oder Schließung des Betriebs? Eine nachteilige Änderungskündigung akzeptieren oder das Unternehmen ohne aktuelle berufliche Alternativen verlassen?

Für innerpsychische Konflikte gilt, dass sich mindestens zwei »innere Stimmen« gleichzeitig Gehör verschaffen wollen, die als unvereinbar wahrgenommen (Entweder-oder-Prinzip) werden. Die Folgen sind Unsicherheit und Anspannung und am Ende droht die Entscheidungs- und Handlungsunfähigkeit.

11.3 Zwischenmenschliche Konflikte

»Die Hölle, das sind die anderen!« So lautet ein Befund in Jean-Paul Sartres Drama »Geschlossene Gesellschaft«. Mal ist es der Profilierungszwang eines Konferenzteilnehmers, der einem auf die Nerven geht, mal kommt es zu einer Interessenkollision, weil ein anderer einem Gewünschtes – zum Beispiel eine Gehaltserhöhung – verweigert. Selbstüberschätzung, mangelndes Einfühlungsvermögen und Verletzlichkeit runden die Liste zwischenmenschlicher Konfliktursachen noch lange nicht ab. Im Folgenden sollen die Hauptgründe für Reibungsverluste, aber auch für »Reibungsgewinne« im zwischenmenschlichen Bereich verdichtet werden.

11.3.1 Interpersonale Wahrnehmung

Die Sozialpsychologen Joseph Luft und Harry Ingham haben ein interessantes Modell zur interpersonalen Wahrnehmung vorgelegt, das die Aufmerksamkeit auf einen wichtigen Aspekt der Konfliktpsychologie lenkt: Wie nehmen Menschen, die miteinander interagieren, sich eigentlich gegenseitig wahr und welche Folgen kann das haben?

Joseph Luft hält dies für eine relevante Frage: »Wie der glückliche Tausendfüßler können einige Leute wunderbar mit anderen zusammenarbeiten, ohne sich darüber Gedanken machen zu müssen, welchen Fuß sie nun vorwärtsbewegen sollen. Aber wenn Schwierigkeiten auftreten, wenn die üblichen Methoden nicht mehr funktionieren, wollen wir mehr wissen – da gibt es keine andere Alternative, als unser eigenes Verhalten in Beziehung zu anderen zu untersuchen.«

Das von Luft und Ingham entwickelte Konzept – nach den Namen der Autoren JOHARI-Fenster genannt – postuliert vier Verhaltensbereiche (Quadranten) der interpersonalen Wahrnehmung, die durch die Dimensionen »mir selbst bekannt bzw. unbekannt« und »anderen bekannt bzw. unbekannt« markiert sind. Hier das Modell:

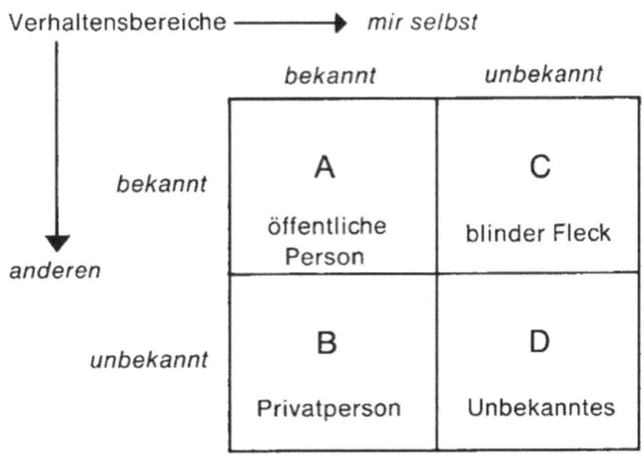

Das JOHARI-Fenster nach Joseph Luft und Harry Ingham

Quadrant A

Der Quadrant A bezieht sich auf das, was zum Beispiel Teammitglieder über ein anderes Teammitglied wissen. Wenn man einander einigermaßen kennt, weiß man etwas über den Familienstand, die Hobbys und Vorlieben und bestimmte Ereignisse aus der Biografie. Und natürlich weiß man etwas über die Herkunft eines Teammitglieds bzw. fragt danach, um den Quadranten A zu vergrößern. In aktuellen Debatten wird bisweilen die Frage »Woher kommst du?« als No-go verurteilt. Dabei wird übersehen, dass die eigentliche Diskriminierung insbesondere von Zuwanderern in der Aufforderung besteht, die eigene Herkunft zu verleugnen oder zu verschweigen. Es ist also nicht verwerflich, aus Bielefeld zu stammen und dazu zu stehen.

Quadrant B

In Quadrant B geht es um Gefühle, Ängste, Wünsche und Absichten, die einem durchaus bewusst sind, die man aber vor anderen zu verbergen sucht. Wenn ein Mitarbeiter in kürzeren Abständen einen halben freien Tag braucht, weil die Oma krank oder gestorben ist, könnte er in Wirklichkeit Vorstellungsgespräche in einer anderen Firma führen. Und in Quadrant B befinden sich unter anderem Intriganten und Whistleblower, wenn sie aus dem Verborgenen heraus agieren.

Quadrant C

Der »Blinde Fleck« (Quadrant C) bezieht sich auf Dinge, die andere an einer Person wahrnehmen – nur die Person selbst ist sich ihrer nicht bewusst. Meist handelt es sich um mehr oder weniger unangenehme Gewohnheiten wie Gesprächspartnern ständig ins Wort fallen, ausgiebiges Reden und Sprachmarotten. In diesem Sinne hat Thomas Middelhoff, der ehemalige Vorstand von Arcandor (früher Karstadt), in einem Interview mit dem »Tagespiegel« gar nicht bemerkt, was er da bei der Frage nach seiner luxuriösen Jacht über sich selbst gesagt hat: »Mit meinen fünf Kindern und meiner Frau habe ich auf der Jacht wunderbare Momente erlebt. Ich habe nie im Luxus gelebt.«[10] Das muss einer Karstadt-Verkäuferin wie Hohn in den Ohren klingen.

Quadrant D

Quadrant D ist der Bereich unbewusster Handlungen und Antriebskräfte und damit das Feld der Tiefenpsychologie. Weder der Einzelne noch seine Mitmenschen sind sich gewisser Motive und Kräfte bewusst, die in den Tiefenschichten der Seele arbeiten. Man kann aber annehmen, dass sie existieren und manchmal den Weg ins Bewusstsein finden. Wie lautete doch die Forderung des Psychoanalytikers Sigmund Freud? »Wo Es ist, soll Ich werden.« Aber das ist sicher kein Auftrag für Führungskräfte.

So weit das Modell der interpersonalen Wahrnehmung, das nicht statisch, sondern individuell unterschiedlich ausgeprägt ist.

! **Prinzipien der Veränderung**

- Eine Veränderung in einem Quadranten wird andere Quadranten beeinflussen.
- Die Zusammenarbeit wird durch eine genügend große Zone der »öffentlichen Person« (Quadrant A) erleichtert. Transparenz schafft Vertrauen.
- Je kleiner Quadrant A ist, desto karger ist die Kommunikation und desto größer der »Blinde Fleck« (Quadrant C), weil die betroffene Person aus ihrem Umfeld kaum Feedback erhält.
- Es kostet Energie, Motive, Absichten und geheime Ziele zu verbergen oder zu verleugnen (Quadrant B).
- Es besteht eine universelle Neugier bezüglich der unbekannten Bereiche. Hier sollten Grenzen der Offenheit und die Privatsphäre respektiert werden.
- Der Quadrant D – das Unbekannte – ist sehr schwer veränderbar. Man denke an das durchaus verhaltensrelevante »Urvertrauen«, jene emotionale Sicherheit, die ein Kind in den ersten Lebensmonaten entwickelt oder aufgrund ungünstiger Umstände eben nicht.

10 https://www.tagesspiegel.de/wirtschaft/ex-arcandor-chef-im-interview-teure-fluege-im-privatjet/8829304-2.html

11.3.2 Unterschiede im Wahrnehmen, Denken und Fühlen

Das Ziel totalitärer Staaten besteht darin, Unterschiede im Wahrnehmen, Denken und Fühlen in der Bevölkerung zu beseitigen. So schafft man einen willfährigen Untertanengeist zum Machterhalt, aber beseitigt die Voraussetzungen für Kreativität.

Antoine de Saint-Exupéry, französischer Pilot im 2. Weltkrieg und Autor des für Kinder und Erwachsene unwiderstehlichen Romans »Der kleine Prinz«, hat die Problematik einfühlsam auf den Punkt gebracht: »Seligkeit ist der Besitz des höchsten Begriffs. Meine Kenntnis der Welt hat sich dadurch nicht erhöht, aber es gibt keinen Unfrieden mehr zwischen mir und der Welt.«

Alle »-ismen«, also unikausale Erklärungsmodelle, finden in diesem Bedürfnis ihren Ursprung: Kapitalismus, Kommunismus, Sozialismus, Totalitarismus, Etatismus, Psychologismus, Populismus und viele mehr. Die Komplexität der Welt und deren Probleme auf eine Ursache zurückzuführen, ist etwas für Denkfaule und Demagogen.

Divergenzen im Wahrnehmen

Wo kämen wir hin, wenn alle Menschen soziale oder technologische Entwicklungen durch die gleiche Brille sehen und bewerten würden? »Das sehe ich aber anders!« ist der Ausgangspunkt für Konflikte und für Innovationen. Für Führungskräfte ist das bisweilen unbequem, aber eine Bedingung für den gemeinsamen Erfolg.

Test: Das kippfigürliche Wesen der Dinge !

Dass man die Verhältnisse so, aber auch anders sehen kann, ist lästig. Da führt man als Führungskraft mit einem Mitarbeiter ein Kritik- oder Beurteilungsgespräch und der beschert einem die Antwort »Das sehe ich aber anders!«. Was nun? Ist die eigene Perspektive nicht eine von mehreren möglichen Sichtweisen?

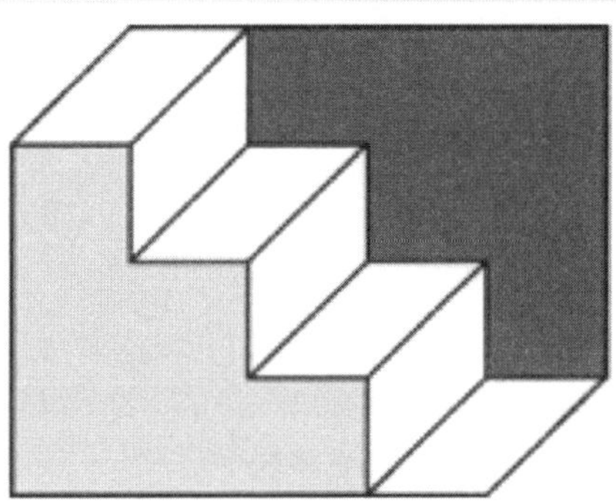

Treppen-Kippfigur

Was sehen Sie hier? Na klar – eine Treppe. Aber es gibt eben immer auch eine Möglichkeit des »Andersseins«. Man kann die Figur gedanklich umkippen und dann ist die Treppe weg.
Man muss als Führungskraft angesichts der divergierenden Sichtweise eines Mitarbeiters nicht gleich einknicken, sondern man sollte sich mit ihr auseinandersetzen.

Falschwahrnehmung des Zufalls
Menschen erwarten, dass sogar eine sehr kurze Sequenz von Ereignissen, die durch einen Zufallsprozess hervorgebracht wurde, die grundlegenden Charakteristika bzw. Regeln des Prozesses abbildet.

Ein Beispiel: Welche der beiden Geburtenreihenfolgen ist in einer Klinik wahrscheinlicher?

a) Junge, Junge, Junge, Junge, Junge

b) Junge, Mädchen, Junge, Mädchen, Junge

Eine Mehrzahl der Probanden hält die Variante b) für wahrscheinlicher. Und das ist falsch. In diesem Sinne sind ja auch Hardcore-Lottospieler der irrigen Auffassung, dass die Zahlenkombination 1-2-3-4-5-6 besonders unwahrscheinlich sei.

Die Fähigkeit, in Daten bzw. Entwicklungen Muster zu erkennen, die nicht nur zufällig entstanden sind, ist eine wesentliche Voraussetzung für erfolgreiches Managementhandeln.

Differenzen im Fühlen
Emotionen verändern die Wahrnehmung und das Denken. Wer sich auf dem Weg in sein Büro durch endlose Staus gequält hat und dann einen Bericht über die Verkehrssituation in deutschen Innenstädten abfassen soll, wird diesen vermutlich eher negativ einfärben.

Sinngemäß besteht eine Voraussetzung für einigermaßen objektiv geführte Beurteilungsgespräche darin, auf die eigene Gefühlshygiene zu achten. Wer gerade mit sich selbst im Unfrieden lebt, sollte Feedbackgespräche lieber verschieben. Gefühle haben nun einmal eine handlungsleitende Funktion.

11.4 #MeToo – oder: der Büro-Flirt

Im Betrieb begegnen einander keine Personalnummern auf zwei Beinen, sondern Männer und Frauen, die bisweilen auch Gefallen aneinander finden. Deshalb ist der Arbeitsplatz auch eine wichtige Keimzelle für Partnerschaft und Ehe. Wer an diesem

Ort den Flirt aussperren will, will den Menschen auf einen seelenlosen Leistungsträger reduzieren.

Konflikte gibt es meist dann, wenn Dritte von einem Flirt etwas mitbekommen: »Die schmeißt sich an den Chef ran!« – »Der läuft doch jedem Rock hinterher!« Wer flirtet – womöglich auch noch mit Erfolg –, muss mit gehässigen Kommentaren hinter dem Rücken rechnen. Auf jeden Fall haben Affären im Betrieb einen hohen Unterhaltungswert und wenn gar der Vorgesetzte involviert ist, kann es schnell ungemütlich werden.

Tipp !

- Der schönste Flirt ist der, der keine überzogenen Erwartungen weckt. Er tut dem Selbstbewusstsein gut (»Wenn ich nur wollte, hätte ich Chancen!«) und es gibt keine Komplikationen.
- Nicht mit anderen um dieselbe Frau oder denselben Mann um die Wette flirten. Derartige Rivalitäten schaffen mit Sicherheit böses Blut und belasten die künftige Zusammenarbeit.
- Unter Alkoholeinfluss wird aus dem Flirt schnell eine »Anmache«. Rechtzeitig die Notbremse ziehen! Das Wiedersehen – etwa nach der feuchtfröhlichen Betriebsfeier – kann peinlich werden.
- Wenn es richtig gefunkt hat und die anfängliche Affäre sich zu einer dauerhaften Zweisamkeit entwickelt, sollten beide ernsthaft prüfen, inwiefern betriebliche Belange Schaden nehmen könnten – etwa, weil beide im selben Bereich arbeiten oder ein Über- bzw. Unterordnungsverhältnis besteht. Aber es gibt genügend Fälle, in denen beide Berufs- und Privatleben sauber trennen können. Und denen kann man nur viel Glück wünschen, denn eine gemeinsame berufliche Heimat kann einen zusätzlichen Kitt abgeben.
- Ein offensichtlicher Flirt mit Abhängigen geht gar nicht. Für manche hoffnungsfrohe Karriere kann er das Ende bedeuten.

Holger Jung, der Mitgründer der renommierten Werbeagentur Jung von Matt hat einmal ein sinniges Statement zum Thema »Liebe im Büro« abgegeben, dem nichts hinzuzufügen ist: »Affären unter Mitarbeitern? Als anständiger Unternehmer lehne ich sie offiziell ab. Wenn es aber dennoch passiert: Als alter 68er bin ich natürlich für Love, Peace und Happiness. Etwa die Hälfte unserer Mitarbeiter sind Männlein, die andere Weiblein, sie sind eher jung, sehr oft in jeder Hinsicht attraktiv, und sie verbringen viel Zeit intensiv miteinander. Wen wundert es, wenn da etwas passiert? Prinzipiell ist das auch egal, solange es keinen Stress gibt. Natürlich knisterts in einer Werbeagentur mehr als im Finanzamt. Das will ich zumindest hoffen.«

11.5 Methodik der Konfliktregulierung

Natürlich kann man den Verlauf von Konfliktgesprächen nicht planen, aber man kann sich dennoch auf Eventualitäten vorbereiten. Etwa mit folgenden Fragen:

- Welche geistige Grundhaltung fördert ein gutes Ergebnis von Konfliktgesprächen?
- Welche Struktur ist für den Gesprächsablauf sinnvoll?
- Worin könnte bzw. sollte das Ergebnis bestehen?

11.5.1 Die Tit-for-tat-Strategie

In der Spieltheorie bezeichnet »tit for tat« – etwa: »wie du mir, so ich dir« – die Strategie eines Spielers, der in einem mehrperiodischen Spiel im ersten Zug kooperiert und danach genauso handelt wie der Gegenspieler in der jeweiligen Vorperiode. Auch Verhandlungen zur Regulierung von Konflikten sind meist »mehrperiodische Spiele«.

Hat der Gegenspieler im ersten Schritt kooperiert, so kooperiert auch der Tit-for-tat-Spieler. Hat der Gegenspieler in der Vorrunde sich weniger konstruktiv verhalten, so reagiert der Gegenspieler zur Vergeltung ebenfalls weniger konstruktiv. Wenn der Verhandlungspartner von Anfang an merkt, dass man schnell einknickt, ist die Partie meist verloren.

Es gilt aber das Prinzip der beschränkten Vergeltung, um Strafen gering und Belohnungen hoch zu halten. Die Strategie hat außerdem die Regel, zu Beginn der Interaktion auf jeden Fall kooperativ zu handeln. Wenn zwei Tit-for-tat-Spieler aufeinandertreffen, kooperieren sie immer.

»Tit for tat« erfüllt vier Eigenschaften, wenn die Strategie wirkungsvoll sein soll:
- Klarheit (zwei einfache Regeln)
- Nachsichtigkeit (nicht nachtragend/immer bereit, die Kooperation wieder aufzunehmen)
- Nettigkeit (jede Interaktion beginnt freundlich)
- Provozierbarkeit (unfreundliches Verhalten bleibt nicht unbestraft)

11.5.2 Die Struktur eines Konfliktgesprächs

Ein Konfliktgespräch sollte aus drei Phasen bestehen, deren Reihenfolge zwingend einzuhalten ist. Das erfordert von den Teilnehmern viel Disziplin, da im »Eifer des Gefechts« eine Phase gern übersprungen oder nicht gründlich genug bearbeitet wird.

1. Beschreibung der Situation: »Was ist Sache«?
In dieser Phase gilt es, den Konflikt zu beschreiben. Bewertungen und Schuldzuweisungen sind tabu. Zum Beispiel: Ein Mitarbeiter wünscht eine außertarifliche Gehalts-

erhöhung in Höhe von 15 Prozent. Der verfügbare Etat und die Gehaltsstrukturen sprechen dagegen. Außerdem gehört der Mitarbeiter nicht zu den Leistungstreibern des Teams, hat aber ein entwicklungsfähiges Potenzial.

2. Kontextbestimmung: »Was hängt womit zusammen?«
Hier sind im Rahmen eines gründlichen Diskurses alle Informationen zusammenzutragen, die für und gegen eine Gehaltserhöhung sprechen. Der Mitarbeiter könnte überzeugend den Nutzen ins Feld führen, den er seinem Arbeitgeber zu bieten hat und der eine Gehaltserhöhung rechtfertigt. Der Personaler wird abwägen müssen, ob dies den Tatsachen entspricht und welche Begehrlichkeiten die gegebenenfalls gewährte Gehaltserhöhung bei den Kollegen wecken würde. Auch gilt es zu überlegen, welche Folgen die Ablehnung einer Gehaltserhöhung im »War for Talents« haben könnte. Wird der Mitarbeiter kündigen oder nur noch das Nötigste mit halber Kraft leisten? Wie könnte man den Mitarbeiter motivieren, seine Leistungsreserven und damit sein Potenzial zu mobilisieren?

3. Entscheidung: »Was soll/muss getan werden?«
In dieser Phase kommt für eine Führungskraft die Stunde der Wahrheit, denn jetzt muss nach Abwägung aller Tatbestände entschieden werden. Ein guter Verhandlungsführer und Konfliktmanager kümmert sich bereits vor dem Gespräch um mögliche Lösungsalternativen. Welche Interessen könnten neben der gewünschten Gehaltserhöhung bei dem Mitarbeiter eine Rolle spielen? Hier bietet sich das »Cafeteria-System« an, dessen Ziel die Flexibilisierung und Individualisierung von materiellen und immateriellen Vergütungsbestandteilen ist. Man könnte als Verhandlungsmasse materielle und immaterielle Anreize einbringen, die zu einer Win-win-Situation führen. Für eine alleinerziehende Mutter, die morgens ihr Kind in die Kita bringen muss, kann dies ein von vielen begehrter Firmenparkplatz sein. Aber auch bestimmte Weiter- oder Fortbildungsmaßnahmen zur Verbesserung des eigenen Marktwerts können in die Waagschale geworfen werden.

Das Cafeteria-Modell !

Für alle Konfliktparteien gilt der Grundsatz, dass man neben dem Plan A auch einen Plan B braucht, wenn man flexibel sein will. Das Cafeteria-Modell besteht aus einem vielfältigen Angebot an materiellen und immateriellen Anreizen. Hier findet man eventuell die Lösung eines Konflikts, an die vorher niemand gedacht hat.
Der Witz besteht darin, dass Anreize nach den Dimensionen »kollektiv« versus »individuell« und nach den Kriterien »materiell« versus »immateriell« aufgefächert sind.

Das Cafeteria-Modell

11.5.3 Kommunikationsformen in der Konfliktregulierung

Welche grundsätzlichen Kommunikationsformen gibt es eigentlich, wenn eine Entscheidung in Politik und Wirtschaft herbeigeführt werden muss? Die folgende Systematik mag akademisch klingen, aber man muss wissen, wo man in Auseinandersetzungen gerade unterwegs ist, und man darf die Kommunikationsformen nicht vermischen. Wer am Ende eines Meetings noch einmal eine Debatte von vorn beginnt, macht sich unbeliebt und verhält sich dysfunktional. Dies sind die wesentlichen Kommunikationsformen:

- **Der Diskurs**
  Zurzeit gibt es gesellschaftliche Diskurse zur Elektromobilität, zum Sinn und Unsinn von E-Rollern, zur Relevanz von Zeitarbeit oder Work-Life-Balance. Dabei sollte es um ein einvernehmliches Bemühen um die differenzierte Beschreibung eines Problems und die Erfassung seiner Kontexte gehen. Der Diskurs ist eine typische Vorbereitungsstrategie für die Lösung diffiziler Probleme.

- **Die Diskussion**
  Nach dem Diskurs stellen die Beteiligten meist fest, dass es unterschiedliche Sichtweisen hinsichtlich des Problems gibt. In der Diskussion findet eine wechselseitige Klärung der Standpunkte mit dem Ziel der Pointierung des Problems und der Verdeutlichung eventueller Lösungen statt. Wichtig ist hier, die eigene Position unter dem Druck sachlicher Gegenargumente bzw. von Kritik durchzuhalten oder gegebenenfalls auch ändern zu können.
- **Die Debatte**
  Hier findet der kämpferische Austausch von Argumenten mit dem Ziel statt, die eigene Position begründet zu verteidigen und durchzusetzen. Am Ende der Debatte steht eine Entscheidung.

Als Führungskraft muss man bei Konflikten zunächst die Rolle des Moderators und danach die Rolle des Entscheiders übernehmen, wenn es im Team nicht rundläuft. Die wichtigsten Moderationsaufgaben bestehen in
- der klaren Trennung der oben beschriebenen drei Phasen und
- der gründlichen Sammlung der wesentlichen Informationen in der ersten und der zweiten Phase.

Warum scheitern Konfliktgespräche auch bei gutem Willen aller Beteiligten besonders häufig? Weil die Fakten nicht sorgfältig genug zusammengetragen wurden und weil voreilig debattiert wurde, anstatt die Tatsachen möglichst vorurteilsfrei zu besichtigen.

11.5.4 Ergebnisse der Konfliktregulierung

Manchmal wird Menschen vorgeworfen, dass sie unberechenbar seien. Klar, man möchte wissen, woran man ist. Aber das gilt eben nicht für jede Situation. Ein berechenbarer Schachspieler wird niemals gewinnen und wer in einer Verhandlung gleich sämtliche Karten auf den Tisch legt, wird übervorteilt, weil die Verhandlungspartner dies natürlich nicht tun. Wie viel Spielraum hat der Lieferant in der Preisgestaltung? Wo liegt die jeweilige Schmerzgrenze bei den Partnern einer Gehaltsverhandlung? Es wäre naiv, dies vorab zu verkünden. »Ergebnisoffen« werden deshalb Verhandlungen gern bezeichnet und meint, dass alles möglich sei. Was also ist als Ergebnis möglich?

Der Konsens
Das Wort »Konsens« leitet sich aus dem Lateinischen »consensus« ab und bedeutet, dass man etwas Gemeinsames im Sinn hat. In einer Verhandlung wird eine Lösung gefunden, die die Interessen beider Parteien gleichermaßen befriedigt.

Das wäre der Idealfall, aber der ist nicht immer zu haben. Deshalb muss eine Führungskraft bei Auseinandersetzungen mit Mitarbeitern vorab überlegen, was sie tun kann, falls ein Konsens nicht erreichbar ist oder eines Tages doch nicht mehr besteht. Nicht selten beginnen die Teilnehmer eines Projekts mit einem Konsens – tolle Sache –, aber in den Niederungen des Projektalltags zeigen sich dann Probleme, die das anfängliche Einvernehmen auf die Probe stellen.

Der Kompromiss

Konfliktfähigkeit und Kompromissfähigkeit sind Geschwister. In einer Verhandlung wird in diesem Fall eine Lösung gefunden, bei der beide Seiten gleichermaßen Opfer bringen, aber eben auch einen Nutzen für sich verbuchen können. In einer Gehaltsverhandlung backen zum Beispiel alle Beteiligten kleinere Brötchen und schaffen es, ohne Gesichtsverlust aus der Sache herauszukommen. Als Personaler packt man die Summe x auf das Angebot mit dem Hinweis darauf, dass man nach der erfolgreichen Probezeit finanziell zunächst nicht mehr viel tun könne, und der Bewerber gibt mit dem Hinweis nach, dass die neue Aufgabe ihm die Chance biete, neue Erfahrungen zu sammeln, die einen geldwerten Vorteil bedeuteten.

Der faule Kompromiss

Ein »fauler« Kompromiss ist ein Verhandlungsergebnis, bei dem nur scheinbar ein Kompromiss erzielt wurde – in Wahrheit aber eine Partei den Kürzeren gezogen hat und dies nicht bemerkt wurde bzw. unter den Tisch gekehrt wird. Oder bei der man sich auf den kleinsten gemeinsamen Nenner verständigt hat – und dabei verlieren eher beide. Das Motiv für faule Kompromisse besteht in dem Wunsch, das Thema vom Tisch zu bekommen. Nicht selten werden mangelnde Vorteile oder entsprechende Nachteile erst später ersichtlich und machen dann Nachverhandlungen erforderlich.

Ein interessantes historisches Beispiel liefert hier der amerikanische Präsident Thomas Jefferson (1743–1826), der für das Zusammenwachsen der Amerikanischen Union bereit war, die Sklaverei zu akzeptieren – obwohl er von ihrer Verwerflichkeit schon damals überzeugt war. Am Ende kam es dann wegen der Sklaverei zu einem blutigen Bürgerkrieg zwischen den Nord- und den Südstaaten. Der Weg des geringsten Widerstandes ist oft mit faulen Kompromissen gepflastert.

Der Formelkompromiss

Ein »Formelkompromiss« ist eine Übereinkunft darüber, dass jede der streitenden Parteien in der Vereinbarung – einer situationsbeschreibenden Formel – ihre Sicht der Dinge beziehungsweise ihre Interessen untergebracht hat. Der Konflikt bleibt ungelöst und keine der Parteien kann als Verlierer gelten.

Solche Formelkompromisse finden meist durch Sprachlenkung (Wording) statt. So wurde einst das Wort »Atomkraftwerk« durch »Kernkraftwerk« ersetzt und im Gesetz zur Regelung der Arbeitnehmerüberlassung (AÜG) der Begriff »Leiharbeitnehmer« statt »Zeitarbeitnehmer« untergebracht. Allein in Absatz 1, § 1 AÜG ist fünfmal vom Leiharbeitnehmer die Rede. Die Absicht liegt auf der Hand: Das Wort »Leiharbeitnehmer« ist im Vergleich zu »Zeitarbeitnehmer« assoziativ negativ besetzt und deshalb wird die Debatte um die Zeitarbeit so schnell nicht enden.

Zu einem Formelkompromiss kann es auch kommen, wenn ein Mitarbeiter Abteilungsleiter werden möchte, aber keine entsprechende Position vakant ist und auch nicht geschaffen werden kann. Da man den Mitarbeiter nicht verlieren möchte, bekommt er die Schulterstücke für die Funktion »Leiter Abteilung« und die Zahl der Abteilungsleiterstellen hat sich nicht erhöht. Irgendwann will der »Leiter Abteilung« aber ein richtiger Abteilungsleiter werden und man hat das Problem wieder auf dem Tisch.

Die Delegation

Wenn sich alle Beteiligten in einem Konflikt »festgefahren« haben, wird die Entscheidung bzw. Lösung oft einem Dritten übertragen. Dies kann freiwillig passieren, indem beispielsweise Arbeitgebervertreter und Arbeitnehmervertreter bei ergebnislosen Tarifverhandlungen einen Schlichter bestellen oder wenn eine Führungskraft Unterstützung beim Betriebsrat oder bei einem Mediator sucht. Falls Letzteres nicht funktioniert, kann die Konfliktlösung erzwungenermaßen einer übergeordneten Instanz übertragen werden. Dies gilt zum Beispiel häufig für Streit um Formulierungen in Arbeitszeugnissen, der dann vor dem Arbeitsgericht geklärt wird.

Die Unterwerfung

Im unguten Fall der »Unterwerfung« gibt die schwächere Seite nach. Ein Beispiel: Der Betrieb schreibt rote Zahlen und es droht die Insolvenz. Einzige Lösung: Lohn- und Gehaltseinbußen und Personalabbau. Falls die Belegschaft nicht mitspielt, wird der Laden dichtgemacht. Am Ende kann bei einer Verweigerung das Ende des Unternehmens stehen.

Die Flucht

Der einst besonders von der CDU gefürchtete SPD-Fraktionsvorsitzende Herbert Wehner hatte in einer Rede zum Thema Terrorismus einmal Äußerungen zum Besten gegeben, die den Konservativen gar nicht gefielen. Nach diversen vorangegangenen Beschimpfungen verließen die Unionsabgeordneten den Plenarsaal. Wehner konterte diese Missachtung seiner Person mit dem legendären Satz: »Wer rausgeht, muss auch wieder reinkommen.«

Man muss sich also sehr genau überlegen, ob es sinnvoll ist, ein Konfliktgespräch oder eine Konfliktsituation dadurch auflösen zu wollen, indem man »aus dem Feld« geht. Solche »Spielchen« werden als Strafaktion oder Druckmittel empfunden, die eine Wiederaufnahme von Gesprächen unnütz belasten.

! **Unwort des Jahres 2010**

»Alternativlos« ist ein politisches Schlagwort in der Bedeutung »keine Alternativlösung zulassend, keine andere Möglichkeit bietend, ohne Alternative«. Es wurde von der Gesellschaft für deutsche Sprache zum Unwort des Jahres 2010 gekürt. Im englischen Sprachraum wird das Akronym »TINA« sinngemäß verwendet. Das TINA-Prinzip geht zurück auf die ehemalige britische Premierministerin Margaret Thatcher: »There is no alternative.« Basta! Ende der Debatte! Wer als Führungskraft, Verkäufer oder Lieferant mit dieser Haltung in eine Verhandlung geht, beraubt sich selbst jeglicher Flexibilität.

11.6 Umgang mit »schwierigen« Mitarbeitern

Was tun, wenn menschliche Unzulänglichkeiten und »Macken« das Problem sind? Man kann ja nicht jeden, der einem quer im Magen liegt, entlassen. Zur Erinnerung noch einmal die Bemerkung von Johann Wolfgang von Goethe: »Die Pflanze gleicht den eigensinnigen Menschen, von denen man alles haben kann, wenn man sie nach ihrer Art behandelt.«

Es ist also wie in der Arztpraxis: Zunächst findet die Diagnose statt und danach die Therapie. Ist die Diagnose falsch, kann die Behandlung niemals richtig sein. Es folgen nun einige Stereotype, die aber jeder gewiss aus dem wahren Leben kennt.

Der Schwätzer

- **Diagnose**
  extravertiert, selbstbezogen, oft eitel, ausgeprägtes Mitteilungsbedürfnis
- **Behandlung**
  Einen Kunden sollte man ausreden lassen und Stichworte aufgreifen, die zum Thema passen, und daraus zielgerichtete Fragen ableiten.
  Einem Mitarbeiter sollte man ein klares Feedback geben, dass er im Gespräch kein Ende findet bzw. häufig vom Thema abweicht. Nur so kann er den »blinden Fleck« bezüglich seines Kommunikationsverhaltens verkleinern.

Der Wortkarge

Diagnose introvertiert, unsicher, manchmal auch berechnend (Poker Face)

- **Behandlung**
  Nonverbale Aufmerksamkeit schenken wie ein ermutigendes Nicken oder ein freundlicher Augenkontakt; Äußerungen gegebenenfalls verbal bekräftigen; offene (W-)Fragen stellen.

Der Misstrauische

- **Diagnose**
  negatives Welt- und Menschenbild, schlechte Erfahrungen gemacht, Angst vor Enttäuschungen

- **Behandlung**
  Transparenz herstellen; rechtzeitig, regelmäßig und umfassend informieren; positive Beispiele bringen.

Der Besserwisser

- **Diagnose**
  mangelnde Selbstkritik, selbstbezogen, Profilierungszwang bis zur narzisstischen Persönlichkeitsstörung
- **Behandlung**
  Einem Kunden Recht geben, wo es den eigenen Interessen nicht schadet; Bedürfnis nach Bestätigung befriedigen; dem »Affen Zucker geben«.
  Besserwisser sind für jedes Team die »Pest«. Hier muss man als Vorgesetzter verhaltenssteuernd eingreifen und ihm in einem konkreten Fall Aufgaben übertragen, in denen er sein Wissen und Können unter Beweis stellen kann. Ist der »Besserwisser« erfolgreich, hat man dies zu würdigen, scheitert er, sind die Gründe ohne Häme oder Genugtuung zu besprechen.

Der Nörgler

- **Diagnose**
  Unzufriedenheit mit dem eigenen Lebensentwurf, pessimistisch-depressive Grundstimmung, permanente Schuldzuweisungen an die Verhältnisse (und oft auch Mitmenschen), die nie so sind, wie sie sein sollten.
  Nörgler betreiben »Selbsttherapie«. Was sagt doch der Fuchs in der berühmten Fabel von Jean de la Fontaine, als er halb verhungert Trauben entdeckt, diese aber nicht erreichen kann: »Die sind sowieso sauer.« Nörgler ziehen das, was sie aus eigener Kraft nicht hinbekommen, in den Staub und fühlen sich dann besser.
- **Behandlung**
  Zuhören und Klagemauer spielen, denn das gehört im Zweifelsfall zur Fürsorgepflicht des Vorgesetzten; Aufgaben übertragen, die dem »Nörgler« Erfolgserlebnisse bescheren; bei einem Kunden die negative Sichtweise der Verhältnisse da teilen, wo es den eigenen betrieblichen Interessen nicht schadet; behutsam positive Aspekte aufzeigen.
  Achtung: Nörgler suchen Verbündete, die ihr negatives Weltbild teilen. Das gemeinsame Klagen und Meckern über die betrieblichen Umstände tut der Seele gut. Hier muss man als Führungskraft eingreifen, weil sonst die »Kraft der Bejahung« – die eng mit der intrinsischen Motivation verbunden ist – erodiert. Das Bild vom faulen Apfel im Korb steht für ein gruppendynamisches Phänomen, das Führungskräfte ernst nehmen müssen.

Der Zyniker

- **Diagnose**
  Zyniker sind gescheiterte Idealisten, d. h. sie haben sich einmal für Dinge stark engagiert und wurden dann enttäuscht; nehmen kein Blatt vor den Mund und sind

gern ironisch oder sarkastisch – stehen also subjektiv über den Dingen. Mit Vorliebe stellen sie die Wertvorstellungen und Ideale ihrer Mitmenschen infrage.
Wie lautet eine typische Frage eines Zyniker? »Können Sie mir sagen, was ich falsch gemacht habe, weil ich nach 20 Jahren immer noch in diesem Unternehmen tätig bin?«

- **Behandlung**
  Sich nicht ins Bockshorn jagen lassen! Zyniker übertreiben gern und beobachten genüsslich die Reaktion ihres Gesprächspartners.
  Der Zyniker sucht oft einen Sparringspartner, mit dem er sich messen kann. Wer gut kontert, bekommt seine Wertschätzung. Beispiel: »Ich soll mehr Werbung machen? Henry Ford hat mal gesagt, dass 50 Prozent der Werbegelder zum Fenster hinaus geworfen sind.« Gekonnte Reaktion: »Dann reden wir doch über die anderen 50 Prozent. Um die werde ich mich als Ihr Werbeberater kümmern.«
  Unschlagbar war auf diesem Feld der ehemalige britische Premierminister Winston Churchill. Als ihm eine Abgeordente im Parlament zurief, dass sie ihm Gift in den Kaffee schütten würde, wenn er ihr Ehemann wäre, konterte Churchill: »In diesem Fall würde ich ihn trinken.«
  Als Führungskraft muss man die Zyniker im Team identifizieren, weil sie das Betriebklima vergiften.

Der Pedant

- **Diagnose**
  Pedanterie ist eine zwiespältige Eigenschaft. Menschen, die bisweilen als Pedanten abqualifiziert werden, sind in bestimmten Aufgaben absolut unverzichtbar. Niemand wird einen Chirurgen, Piloten oder Wartungstechniker für Gasleitungen als Pedanten stigmatisieren. Pedanterie kann Leben retten.
  Andererseits gibt es Menschen, die in Sachen Genauigkeit einem Zwangsverhalten unterliegen. Pedanten im psychologisch auffälligem Sinne richten ihr gesamtes Verhalten an der Vermeidung von Fehlern aus, lehnen das Prinzip »Versuch und Irrtum« ab, wollen alles bis ins letzte Detail unter Kontrolle haben, können unsichere Situationen schwer ertragen und entwerten gute schriftliche Vorschläge manchmal nur wegen eines Druckfehlers. »Ungefährlösungen« sind dem Pedanten ein Greuel.
- **Behandlung**
  Am Anfang steht das Anforderungsprofil der Aufgabe, aus dem das Maß der Perfektion bei der Aufgabenerfüllung abzuleiten ist. So muss man bei der Abfassung eines Beipackzettels über die Nebenwirkungen von Arzneimitteln oder von Preislisten sicher ganz besonders akribisch sein und einen Mitarbeiter deshalb dazu anhalten, »pedantisch« zu sein.
  Aber das gilt eben nicht für alle Aufgaben. »Trial and Error« ist ein wichtiges Erfolgsrezept, mit dem allerdings ein Pedant nichts anfangen kann. Die »Behandlung« besteht im richtigen Einsatz von Mitarbeitern, die zu Perfektionismus neigen.

12 Arbeitsrecht: Konfliktvorbeugung und Konfliktregulierung

Arbeitsrechtliche Kenntnisse dienen zunächst der Konfliktvorbeugung. Wer einem Mitarbeiter gegenüber eine Kündigung ausspricht, ohne diesen vorher abgemahnt zu haben, macht sich in der Regel lächerlich, weil er die Kündigung meist wieder zurücknehmen muss. Und wer keine Ahnung hat, dass einem Arbeitszeugnis eine Informationsfunktion und eine Werbefunktion zukommt, muss mit einem Verfahren vor einem Arbeitsgericht rechnen bzw. das Zeugnis nach dem Einspruch des Arbeitnehmers nachträglich ändern.

Eine wesentliche Aufgabe von HR bzw. der Personalabteilung besteht darin, für Rechtssicherheit zu sorgen. Einige Grundkenntnisse sollte man aber auch als angehende Führungskraft mitbringen.

12.1 Arbeitsrechtliche Sanktionsmöglichkeiten für Führungskräfte

Die Ermahnung

Die Ermahnung ist ein im Vergleich zur Abmahnung milderes Mittel der Sanktionierung. Sie soll dem Arbeitnehmer verdeutlichen, dass er sich aus Sicht des Arbeitgebers nicht korrekt verhalten hat. Mit der Ermahnung wird eine Veränderung des Verhaltens angemahnt.

Mit der Ermahnung wird keine Kündigung angedroht, aber der Arbeitnehmer soll wissen, dass er »unter Beobachtung« steht. Nach einer Ermahnung kann keine verhaltensbedingte Kündigung ausgesprochen werden.

Die Abmahnung

Mit der Abmahnung wird ein Vertragsverstoß geahndet, das heißt, sie hat eine Rügefunktion. Der Arbeitnehmer wird aufgefordert, ein moniertes Verhalten zukünftig zu unterlassen, andernfalls sei mit einer verhaltensbedingten Kündigung zu rechnen. Die Abmahnung hat eine Warnfunktion.

Die (ordentliche) verhaltensbedingte Kündigung

Diese Sanktionsmaßnahme gilt als »ultima ratio«, also als letztes Mittel, und das bedeutet, dass sie dem Grundsatz der Verhältnismäßigkeit genügen muss. Deshalb ist sie unwirksam, wenn von einer Abmahnung die gewünschte Verhaltensänderung des

Mitarbeiters zu erwarten ist bzw. dieser seine arbeitsvertraglichen Pflichten erfüllen wird.[11]

12.2 Das Allgemeine Gleichbehandlungsgesetz (AGG)

Seit August 2006 gilt in Deutschland das nach EU-Vorgaben formulierte Allgemeine Gleichbehandlungsgesetz (AGG). Es soll – nicht nur in der Arbeitswelt – verhindern, dass Menschen aus unsachlichen Gründen benachteiligt werden.

Hier der Sechser-Katalog der Benachteiligungsgründe:

- Rasse/ethnische Herkunft
- Geschlecht
- Religion/Weltanschauung
- Behinderung
- Alter
- sexuelle Identität

Geschützt werden nach § 7 AGG

- Arbeitnehmer,
- Bewerber (im Streitfall verwandelt das Gesetz die Parteien terminologisch in »Beschäftigter« und »Arbeitgeber«, obwohl dies juristisch nicht richtig ist, es geht ja um die Anbahnung eines Vertragsverhältnisses),
- Auszubildende,
- Leiharbeitnehmer,
- Heimarbeiter,
- ehemalige Beschäftigte,
- Selbstständige (in beschränktem Ausmaß) sowie
- Organmitglieder wie Geschäftsführer/Vorstände.

Eine unterschiedliche Behandlung kann nach §§ 8, 9 und 10 AGG erlaubt sein, wenn beispielsweise

- das Geschlecht eine »wesentliche und entscheidende Anforderung« bildet (Erwägungen der bloßen Zweckmäßigkeit reichen nicht),
- die Festsetzung eines Höchstalters für die Einstellung aufgrund der spezifischen Ausbildungsanforderungen eines bestimmten Arbeitsplatzes sinnvoll ist,
- die Notwendigkeit einer angemessenen Beschäftigungszeit vor dem Eintritt in den Ruhestand gegeben ist.

11 Quelle: hensche.de

Spezielle Fördermaßnahmen zum Ausgleich bestehender Nachteile (zum Beispiel Frauenförderung, Maßnahmen für behinderte Menschen) bleiben ebenfalls zulässig.

Der Arbeitgeber bzw. die Führungskräfte haben die folgenden Organisationspflichten:
- Präventivmaßnahmen zum Schutz vor Benachteiligungen bei der beruflichen Aus- und Fortbildung (spezielle Schulungen)
- AGG-konforme Stellenausschreibungen
- individuelle Maßnahmen zur Unterbindung von Benachteiligung wie Abmahnung, Umsetzung, Versetzung oder Kündigung
- Maßnahmen zum Schutz vor Benachteiligung durch Dritte (Kunden, Lieferanten etc.)
- Aushang beziehungsweise Auslegung der einschlägigen gesetzlichen Vorschriften oder andere angemessene Formen der Information

Als angehende Führungskraft muss man die im AGG geregelten Organisationspflichten und auch die damit verbundenen Aufgaben eines Vorgesetzten kennen. Man sollte wissen, dass Personalverantwortliche beispielsweise Zoten und Witze, die Menschen diskriminieren, zu unterbinden haben.

Die Rechte der Beschäftigten
Für die Beschäftigten ergeben sich folgende Rechte aus dem AGG:
- Beschwerde
- Leistungsverweigerung (bei Belästigung und bei sexueller Belästigung, wenn der Arbeitgeber keine Maßnahmen ergreift)
- Entschädigung und Schadensersatz (Entschädigung in Geld für immaterielle Schäden und Schadensersatz für materielle Schäden nach § 15; Ansprüche sind innerhalb einer Zweimonatsfrist geltend zu machen)

Wer trägt die Beweislast?
Betroffene müssen zunächst den Vollbeweis führen, dass sie gegenüber einer anderen Person ungünstiger behandelt worden sind (Indizien für AGG-Benachteiligungstatbestände). Wenn einschlägige Indizien bewiesen sind, kehrt sich die Beweislast um: Dann muss der Arbeitgeber beweisen, dass doch kein Verstoß gegen das Benachteiligungsverbot vorliegt (rechtfertigende Gründe).

12.3 Quiz zum Arbeitsrecht

Bitte markieren Sie von den vorgegebenen Alternativen die beiden richtigen Lösungen. Bei einer Aufgabe ist alles korrekt.

ARBEITSHILFE ONLINE

Quiz zum Arbeitsrecht

1. **Welche Rechte und Pflichten haben Arbeitgeber?**
   a) Verbot der Bestellung eines Betriebsrats
   b) Weisungsbefugnis
   c) Zeugnispflicht
   d) Aufruf zum Streik
2. **Welche Rechte und Pflichten haben Arbeitnehmer?**
   a) Einrichtung eines Betriebsrats ohne Bedingungen
   b) Recht auf Beschäftigung bei bestehendem Arbeitsverhältnis
   c) Ein gutes Zeugnis über abgeleistete Arbeit
   d) Fürsorge seitens des Arbeitgebers
3. **Zu den zentralen Rechten des Betriebsrats gehören**
   a) Anhörungsrecht bei Kündigungen
   b) Mitbestimmungsrecht bei der Gestaltung von Arbeitsplätzen
   c) Mitbestimmungsrecht hinsichtlich geplanter Betriebsänderungen
   d) Zustimmungs- und Vetorecht bei der Bestellung von Ausbildern
4. **Die Festlegung und Änderung von Arbeitszeiten obliegt**
   a) dem Arbeitgeber aufgrund seines Direktionsrechts
   b) dem Betriebsrat als Vertreter der Belegschaft
   c) dem Management eines Betriebs
   d) dem Arbeitsgericht als Judikative
5. **Akzeptiert der Arbeitgeber ein Verhalten über Monate, muss kein Arbeitnehmer plötzlich mit einer Kündigung rechnen. Welches Recht siegt hier?**
   a) das ungeschriebene Gewohnheitsrecht
   b) das der Gesundheit dienende Arbeitsschutzgesetz
   c) das über allem stehende Arbeitsvertragsrecht
   d) das mit Gesetzen gleichberechtigte Gewohnheitsrecht
6. **Der Chef kontrolliert die Mails vom Arbeitnehmer und findet darin den Beweis für einen Kündigungsgrund. Darf er die Informationen aus einer E-Mail verwenden?**
   a) Eine gesetzliche Regelung zur Nutzung von Internet und E-Mails am Arbeitsplatz gibt es nicht.
   b) Ja, denn der Arbeitnehmer hat einen Vertrauensbruch begangen.
   c) Ja, denn der Arbeitnehmer hat Privates von Betrieblichem nicht getrennt.
   d) Nur, wenn es eine entsprechende Regelung im Arbeitsvertrag gibt.
7. **Ist eine Kündigung im Krankheitsfall oder während des Urlaubs möglich?**
   a) Grundsätzlich nicht.
   b) Die Krankheit des Arbeitnehmers kann unter bestimmten Voraussetzungen sogar der Grund für eine Kündigung durch den Arbeitgeber sein.
   c) Das KSchG schützt den Arbeitnehmer entgegen einer weitverbreiteten Ansicht mitnichten vor einer Kündigung, die während einer Krankheit ausgesprochen wird.
   d) Dies wäre ein Verstoß gegen die Fürsorgepflicht des Arbeitgebers.
8. **Was versteht man unter »Vertragsfreiheit«?**
   a) Was im Arbeitsvertrag steht, entscheidet der Arbeitgeber, denn der stellt ihn ja aus.
   b) Vertragsfreiheit bezieht sich auf Abschlussfreiheit, Inhaltsfreiheit und Formfreiheit.

c) Ein potenzieller neuer Mitarbeiter kann den Abschluss eines Arbeitsvertrags ablehnen.
d) Ein Arbeitsvertrag ist nur in schriftlicher Form rechtsgültig.

9. **Ist eine Kündigung ohne Zustimmung des Betriebsrats unwirksam?**
   a) Ja, eine Kündigung ist ohne Zustimmung des Betriebsrats unwirksam.
   b) Der Betriebsrat hat bei Kündigungen nur ein Anhörungsrecht
   c) Die Zustimmung ist erforderlich, wenn es um die Kündigung eines Mitglieds des Betriebsrats geht.
   d) Jede personelle Einzelmaßnahme ist mitbestimmungspflichtig.
10. **Ihr Arbeitsvertrag enthält eine Wettbewerbsklausel, die es Ihnen untersagt, innerhalb von zwei Jahren nach der Beendigung des Arbeitsverhältnisses für einen Mitbewerber Ihres Unternehmen tätig zu werden. Eine Entschädigung für die Zeit des Wettbewerbsverbots möchte Ihr Arbeitgeber aber nicht zahlen. Ist das rechtmäßig?**
    a) Ja, denn Sie könnten ja Kundenkontakte zum Nachteil Ihres Arbeitgebers nutzen.
    b) Nein, Wettbewerbsverbote ohne Entschädigung sind nicht erlaubt.
    c) Ihr Netzwerk gehört rechtmäßig Ihrem derzeitigen Arbeitgeber, denn dort haben Sie es ja erworben. Sie dürfen es deshalb unter keinen Umständen »mitnehmen«.
    d) Ein nachvertragliches Wettbewerbsverbot ist erlaubt – aber nur gegen eine Entschädigung während des entsprechenden Zeitraums.
11. **Es läuft nicht rund und deshalb kündigen Sie nach drei Monaten. Für die entgangenen Urlaubstage möchten Sie von Ihrem Arbeitgeber Bares. Ihr Arbeitgeber lehnt das ab. Geht das rechtlich in Ordnung?**
    a) Ein Anspruch auf Urlaubsgeld besteht erst nach Ablauf der Probezeit.
    b) Wer selbst kündigt, hat jeden Anspruch auf Urlaubsgeld verwirkt.
    c) Sie haben einen Anspruch auf Urlaubsgeld.
    d) Für drei Monate steht Ihnen anteilig das Urlaubsgeld zu.
12. **Was ist erlaubt, wenn man krankgeschrieben ist, z. B. als Kellner wegen eines gebrochenen Arms?**
    a) Einkaufen
    b) Arztbesuche
    c) Vorstellungsgespräch bei einem anderen Betrieb
    d) Kinobesuch

!

Lösungen

1. b/c	2. b/d	3. a/d	4. a/c
5. a/de	6. a/d	7. b/c	8. b/c
9. b/c	10. b/d	11. c/d	12. alles

(alle Angaben zu Rechtsfragen in diesem Kapitel ohne Gewähr)

13 Vielfalt durch Diversity Management

Die »Charta der Vielfalt«, eine 2006 veröffentlichte Selbstverpflichtung und ein Verein unter Schirmherrschaft der Bundeskanzlerin Angela Merkel setzt sich für ein vorurteilsfreies Arbeitsumfeld und mehr Diversity in der Arbeitswelt ein. Folgende Argumente werden vorgebracht:

- Vielfalt hilft, den Fachkräftemangel auszugleichen.
- Mit einer vielfältigen Belegschaft lassen sich neue Zielgruppen und Märkte erschließen.
- Gemischte Teams bringen bessere Lösungen und innovativere Produkte.

Was sich hier ganz logisch und vorteilhaft anhört, ist aber nicht leicht zu haben. Interkulturelle Kompetenz gehört mittlerweile als Folge der Megatrends Globalisierung, Digitalisierung und demografischer Wandel zu den besonders gefragten Soft Skills. Dabei geht es um Wollen, Wissen und Können, um mit Menschen aus anderen Kulturen erfolgreich zu kommunizieren und zu interagieren. Leider funktioniert aber die Kommunikation und Interaktion oft nicht einmal in homogenen Teams so, wie sie es sollte.

»Wer die Wirklichkeit ignoriert, ist schon an ihr gescheitert.« Diese Mahnung von Hubert Markl, Verhaltensforscher und ehemaliger Präsident der Max-Planck-Gesellschaft, wird in der allgemeinen Begeisterung für Vielfalt und Buntheit ungern gehört.

Kulturunterschiede in der Arbeitswelt

Geert Hofstede, ein niederländischer Experte für Kulturwissenschaften und Internationales Management, hat in einer Studie an über 100.000 IBM-Mitarbeitern in 70 Kulturen zwischen 1968 und 1972 die folgenden Kulturdimensionen ermittelt, die auch heute noch als relevant anerkannt sind:

- **Machtdistanz**
  Hier geht es um die Frage, inwiefern in Kulturen die unterschiedliche Verteilung von Macht im Unternehmen von Mitarbeitern akzeptiert wird. In diesem Sinnen bedeutet eine hohe Machtdistanz, dass Macht an Personen und Positionen gebunden ist, Gehorsamkeit verlangt wird und die Vorgesetzten kaum erreichbar sind. Die Insignien der Macht werden auch deutlich vorgezeigt in Form von Statussymbolen und bestimmten Verhaltensmustern wie Distanziertheit.
  Eine niedrige Machtdistanz stellt die Sachautorität in den Vordergrund und zeigt sich in einem sozial-integrativen Führungsstil. Der Vorgesetzte ist erreichbar und bezieht die Mitarbeiter in seinen Entscheidungen mit ein. Bei aller gegebenen Machtfülle wird diese in Äußerlichkeiten und Verhaltensweisen kaum sichtbar.

- **Individualismus vs. Kollektivismus**
  Individualistisch aufgestellte Kulturen legen Wert auf Eigenverantwortung, Selbstständigkeit und Leistung. Der eigenen Meinung und dem Privatleben kommt eine hohe Bedeutung zu.
  Kollektivistisch aufgestellte Kulturen stellen die Gruppenzugehörigkeit in den Vordergrund, die Schutz gewährt und Loyalität fordert. Die Identität basiert auf dem sozialen System (»Clan«), das Verpflichtungen mit sich bringt und als Gegenleistung Sicherheit gewährt. Gekennzeichnet ist diese kulturelle Ausrichtung durch ein ausgeprägtes Harmoniestreben.
- **Maskulinität vs. Femininität**
  Der Grundsatz maskuliner Kulturen lautet: Leben, um zu arbeiten. Leistung zählt, Geld und Sachwerte sind wichtig und es herrscht eine ausgeprägte Wettbewerbsorientierung.
  Der Grundsatz femininer Kulturen lautet: Arbeiten, um zu leben. Das Verhalten ist geprägt durch Fürsorgeorientierung, soziale Verflechtungen und Verantwortung für andere.
- **Unsicherheitsvermeidung**
  Im Kapitel über die VUCA-Welt wurde bereits erörtert, dass wohl noch nie so viel Unsicherheit war wie heute und dass trotzdem entschieden und gehandelt werden muss. Im »Aushalten« von Unsicherheiten und Mehrdeutigkeiten unterscheiden sich nach Hofstede die Kulturen erheblich.
  Langfristige Planungen, Abneigung gegen Überraschungen und der Wunsch nach klaren Verhältnissen stehen für eine hohe Unsicherheitsvermeidung. Die aktuell diskutierte und implementierte agile Unternehmensführung hat hier aus Gründen der Mentalität keine Chance.
  Das Gegenteil ist eine Kultur, die durch Risikofreude und Toleranz gegenüber anderen Meinungen und Aufgeschlossenheit für Neues markiert ist. »Trial und Error« ist ein akzeptiertes Erfolgsrezept. Bei aller Planung bleibt Spielraum für situatives Vorgehen.
- **Langzeit- vs. Kurzzeitorientierung**
  Eine Kultur mit einer hohen Langzeitorientierung belohnt Fleiß und das disziplinierte Streben nach langfristigen Werten und Errungenschaften. Unternehmen mit Langfristdenken projizieren ihre Entwicklung über viele Jahre hinweg. Langfristige Ziele sind wichtiger als die Quartalsergebnisse.
  Eine Gesellschaft mit vorherrschender Kurzzeitorientierung »feiert« das Erreichen kurzfristiger Ziele. Handlungsgrundlage sind starre Prinzipien und Traditionen.
- **Lebensfreude vs. Zurückhaltung**
  In manchen Kulturen hat die Erfüllung von Bedürfnissen und das Ausleben von Lebensfreude einen hohen Stellenwert, während in anderen Kulturen eher eine Unterdrückung der Bedürfnisbefriedigung verlangt wird und der Alltag durch strenge soziale Normen reguliert ist.
  Insbesondere in interkulturellen Teams kann es hier aufgrund unterschiedlicher mentaler Orientierungen zu erheblichen Konflikten kommen.

14 Business-Knigge: »Come as you are?«

1788 erschien das berühmte Buch »Über den Umgang mit Menschen« von Adolph Freiherr von Knigge. Knigge empfiehlt, »sich nach den Temperamenten, Einsichten und Neigungen der Menschen zu richten, ohne falsch zu sein; sich ungezwungen in den Ton jeder Gesellschaft stimmen zu können, ohne weder Eigentümlichkeit des Charakters zu verlieren, noch sich zu niedriger Schmeichelei herabzulassen.« Dazu gehört – so Knigge – »eine gewisse Geschmeidigkeit.« Das ist noch heute gültig.

Einige Jahre später erschien das »Brevier für Weltleute« von Oscar A. H. Schmitz, in dem es heißt, dass Konventionen und Umgangsformen dazu da seien, die Wahrheit zu verhüllen, um die Privatsphäre zu schützen, aber auch um sich und anderen das Leben erträglicher zu machen. Schmitz beklagt in seinem Titel den zeitgenössischen Zwang zur Aufrichtigkeit: »Ist es denn wirklich ethisch so wertvoll, wenn jemand auf die Frage ›Gehen Sie diesen Sommer aufs Land?‹ antwortet: ›Nein, aber meine Großmutter lebt in wilder Ehe mit einem Tenor.‹« Seine Empfehlung lautet: »Weder die Aufrichtigkeit noch die Manieren verabsolutieren.« Es geht bei Schmitz um die Gratwanderung zwischen Distanz und Nähe, um die Einhaltung von Regeln, mit denen man sich und anderen das Leben erträglicher macht. Dem ist nichts hinzuzufügen.

Gutes Benehmen, heißt es, sei Glücksache. Nun – gutes Benehmen ist zunächst eine Frage der Kenntnis von Regeln. Darf man beim gemeinsamen Essen in der Kantine die Suppe von der Löffelseite in den Mund fließen lassen und Kartoffeln schneiden, wenn man ein nicht anlaufendes Edelstahlmesser zur Hand hat? Benimmbücher und -kurse haben Konjunktur. Das hängt damit zusammen, dass die Flegeljahre des Benehmens vorbei sind und sich die Umgangsformen an Bedeutung seit Frau von Pappritz, der früheren Anstandsdame der Nation, verändert haben. Vor allem hängt es auch damit zusammen, dass einem diese Regeln in sozialen Situationen Sicherheit vermittelt. Dabei geht es nicht nur um allgemeine soziale, sondern auch um interkulturelle Kompetenzen, die an Bedeutung gewonnen haben.

Im In- und Ausland stilsicher auftreten

Wie lautet doch ein Grundsatz der Psychologie? Schwächen, die einem bewusst sind, können einem weniger schaden. Holen Sie sich mit dem folgenden Test ein Feedback zu ihrem persönlichen nationalen und internationalen Auftritt in Sachen Etikette und Sozialkompetenz.

ARBEITSHILFE ONLINE

Test: Wie stilsicher ist Ihr Auftritt im In- und Ausland?

Deutschland:

1. **Früher war die Frage, wer wen zuerst grüßt, eine Statusfrage. Heute grüßt derjenige zuerst, der den anderen zuerst sieht.**
   a) stimmt
   b) stimmt nicht
2. **Wenn das Gespräch bereits begonnen hat und ein weiterer Gesprächspartner dazukommt, steht man heutzutage zur Begrüßung nicht mehr auf.**
   a) stimmt
   b) stimmt nicht
3. **Die Regel, dass eine Dame in diesem Fall immer sitzen bleibt, gilt nicht mehr. Heute entscheidet jede Frau selbst, ob sie bei der Begrüßung aufstehen möchte.**
   a) stimmt
   b) stimmt nicht
4. **»Bitte schön – nehmen Sie doch Platz!« Das war einmal. Souveräne Mitarbeiter warten nicht auf diese Aufforderung des Gastgebers, sondern suchen sich ihren Platz selbst aus.**
   a) stimmt
   b) stimmt nicht
5. **Wenn bei einer Besprechung Getränke angeboten werden, sollte man diese annehmen.**
   a) stimmt
   b) stimmt nicht
6. **Als Teilnehmer eines Meetings zeigt man Selbstbewusstsein und Eigeninitiative zum Beispiel so: »Ich möchte vorschlagen, dass wir zunächst einmal …«**
   a) stimmt
   b) stimmt nicht
7. **Wenn Sie als neuer Mitarbeiter von Ihrem Gastgeber durch ein Gebäude geleitet werden, gehen Sie auf seiner rechten Seite.**
   a) stimmt
   b) stimmt nicht
8. **An einer Treppe (abwärts) geht der Mann vor seiner weiblichen Begleitung, wenn für ein Nebeneinander nicht ausreichend Platz ist.**
   a) stimmt
   b) stimmt nicht
9. **Welche Regel gilt für ein Fünf-Gänge-Menü? Das Besteck des ersten Ganges liegt ganz außen und dann geht es Richtung Teller weiter.**
   a) stimmt
   b) stimmt nicht
10. **Nach dem Essen wird das Besteck in der Position »20 vor auf der Uhr« auf den Teller gelegt.**
   a) stimmt
   b) stimmt nicht

11. **Was zieht man an, wenn auf der geschäftlichen Einladung „Smart Casual« steht?**
    a) Erlaubt sind Sneaker, Zehenschlappen, Sandalen und T-Shirts.
    b) Selbst wenn die Hose perfekt sitzt, tragen Sie dazu immer einen Gürtel.
    c) Das Wort »smart« sagt ja bereits, dass man sich originell anziehen soll.
12. **Wie lautet die klassische Moderegel für Schuhwerk?**
    a) Never brown in town.
    b) Only moles wear rubber soles.
    c) Dirty weather, patent leather.
13. **Wer ein Einstecktuch trägt, kann auf die Krawatte nicht verzichten. Worauf sollte man achten?**
    a) Das Einstecktuch sollte exakt dasselbe Muster haben wie die Krawatte.
    b) Das Einstecktuch darf auf keinen Fall exakt dasselbe Muster haben wie die Krawatte.
    c) Das Einstecktuch sollte genauso weit aus der Brustasche herausschauen, wie die Krawatte unterhalb des Knotens breit ist.
14. **Das Leben ist kurz und zu kurz sind leider auch viele Hosen. Manche Männer zeigen deutlich mehr Bein, als modisch geboten ist. Aber wie ist denn nun die richtige Hosenlänge für eine Anzughose?**
    a) Sie sollte einen halben bis einen Zentimeter über dem oberen Rand des hinteren Schuhabsatzes enden.
    b) Sie sollte mit dem unteren Rand des Fußknöchels enden.
    c) Sie sollte im Stehen die Schnürsenkel verdecken.
15. **Wie lang sollte der Rock in der Geschäftswelt sein?**
    a) Ein Minirock geht immer.
    b) Nur knöchellange Röcke sind bei der Arbeit erlaubt.
    c) Der Rocksaum sollte das Knie umspielen.
16. **Was tragen Sie als Frau, wenn auf einer Einladung Abendgarderobe (»White Tie«) erwünscht ist?**
    a) Das ist der Auftritt für mein kleines Schwarzes.
    b) Ein langes, edles Abendkleid.
    c) Einen eleganten Hosenanzug.
17. **Welche Blusenfarbe gilt als unprofessionell?**
    a) weiß
    b) hellrosa
    c) hellblau
18. **Wie hoch sollten die Absätze der Schuhe sein, die man klassischerweise zum Hosenanzug oder zum Kostüm trägt?**
    a) Die Absätze sollten nicht höher sein als drei Zentimeter.
    b) Am besten sieht ein Schuh mit fünf oder sechs Zentimetern Absatz aus.
    c) Je höher, umso besser, denn Absätze strecken.
19. **Wie schaut es mit offenen Schuhen in der Business-Welt aus?**
    a) Peeptoes kann frau schon anziehen, aber nur mit Strümpfen.
    b) Die Schuhe sollten vorn immer geschlossen sein. Slingpumps zum Rock gehen aber in Ordnung.
    c) Im Sommer sind alle Arten von offenen Schuhen erlaubt.

20. **Wenn es draußen warm wird, haben es Frauen deutlich besser als Männer, denn sie dürfen nicht nur kurzärmelige Oberteile im Büro tragen, sondern auch Tops ohne Arm.**
    a) Na klar, bei Frauen ist alles erlaubt, wenn es gut aussieht.
    b) Im Kunden- oder Kollegenkontakt sollten Frauen immer ihr Jackett anziehen.
    c) Bei Frauen gilt derselbe Grundsatz wie bei Männern: Die Ärmel müssen immer lang sein.
21. **Sie haben eine Einladung zu einem Empfang bekommen, auf dem »Business Casual« gewünscht wird. Was ziehen Sie an?**
    a) Ich komme in Shirt und Minirock.
    b) Casual steht dafür, dass ich kommen kann, wie ich möchte.
    c) Hier ist legerer Chic gefragt, etwa ein lässiger Hosenanzug oder ein Rock in Kombination mit einem edlen Oberteil.
22. **Trägt man einen Blazer im Büro offen oder geschlossen?**
    a) Der Blazer bleibt grundsätzlich offen.
    b) Die Knöpfe des Jacketts werden (genau wie bei den Kollegen) geschlossen.
    c) Die Regeln sind nicht so streng wie bei Männern – die Frau kann selbst entscheiden, was sie mit den Jackett-Knöpfen macht.

Frankreich:

1. **Bei der Begrüßung sind Franzosen herzlicher als Deutsche. Besonders Frauen werden üblicherweise mit »Bises« begrüßt. Was heißt das?**
    a) Ein Küsschen auf beide Wangen.
    b) Normalerweise werden lediglich die Wangen aneinandergehalten, man küsst sich also nicht wirklich.
    c) Vier Küsschen: zwei links und zwei rechts.
2. **Für die Anrede in Frankreich gilt:**
    a) Menschen, die älter sind als Sie, werden grundsätzlich geduzt, aber mit Nachnamen angesprochen.
    b) Menschen, die älter sind als Sie, werden grundsätzlich gesiezt und mit Nachnamen angesprochen.
    c) Man benutzt den Vornamen, da in Frankreich Herzlichkeit zählt.
3. **Worin unterscheiden sich die Essgewohnheiten in Frankreich von denen in Deutschland?**
    a) Zum Essen wird Brot gereicht, welches in kleine Stücke gebrochen und zum Essen verzehrt wird.
    b) Zum Essen wird Brot gereicht, welches mit dem Messer zerkleinert und zum Essen verzehrt wird.
    c) Zum Essen werden Pommes Frites gereicht, die mit dem Messer zerkleinert und zum Essen verzehrt werden.
4. **In Frankreich sollte man Bürothemen**
    a) in den Mittelpunkt eines Geschäftsessens stellen, denn eine entspannte Atmosphäre ist immer gut für Problemlösungen.
    b) beim Essen grundsätzlich nicht ansprechen.
    c) erst beim Dessert ansprechen.

Großbritannien:

1. **Nach dem Händeschütteln wird man in Großbritannien meist mit einem »How do you do?« begrüßt. Wie antwortet man, wenn die Situation eher formell ist?**
   a) Man beschreibt seine momentane seelische Befindlichkeit.
   b) Man ignoriert diese Frage.
   c) Man antwortet »How do you do?« oder »Nice to meet you«.
2. **Die richtige Farbkombination zu finden ist eine der anspruchsvollsten Aufgaben für Männer, die gut gekleidet sein wollen. Welche modischen Grundsätze gelten in Großbritannien?**
   a) Blue and green should not be seen. (rustikal deutsch: »Grün und Blau schmückt die Sau.«)
   b) Do never link red and pink.
   c) I Just stand back from brown and black.
3. **Wenn sich jemand bei Ihnen bedankt, antworten Sie mit**
   a) »No problem!«
   b) »You are welcome!«
   c) »It's a great honour for me.«
4. **»Very interesting« bedeutet in einer Konversation oft, dass**
   a) man etwas Aufregendes zu erzählen hat.
   b) der Gesprächspartner mehr vom Thema hören möchte.
   c) man das Thema lieber wechseln sollte.

Spanien:

1. **Spanier sind herzlich und gehen offen mit neuen Kollegen um. Vorsicht ist dagegen angebracht beim Thema**
   a) Religion.
   b) Politik.
   c) Geschichte.
2. **Ein Tipp für den gemeinsamen Restaurantbesuch mit Geschäftspartnern/Kollegen in Spanien:**
   a) Ziehen Sie im Restaurant nur im Sommer das Jackett aus.
   b) Ziehen Sie im Restaurant niemals das Jackett aus, auch nicht im Sommer. Außer es wird Ihnen von Ihrem Vorgesetzten angeboten.
   c) In Spanien geht man im Sommer ohne Jackett in ein Restaurant.
3. **Private und oft auch geschäftliche Essen finden meist**
   a) am frühen Abend statt.
   b) in der Mittagspause statt.
   c) eher am späten Abend statt.
4. **Meetings**
   a) haben in Spanien eine eher flexible Agenda.
   b) haben in Spanien überhaupt keine Tagesordnung.
   c) ziehen sich in Spanien endlos hin.

Italien:

1. **Ein Tipp zur Kleidung im italienischen Geschäftsleben:**
   a) Italien gehört zu den am wenigsten regulierten Staaten der EU, deshalb gibt es auch keine besondere »Kleiderordnung«.
   b) Ein kurzärmliges Hemd mit einer Krawatte ist in Italien üblich.
   c) Italien ist das Land der Mode, daher sind gute Kleidung und ein gepflegtes Äußeres ein Muss im Geschäftsleben.
2. **In Italien ist es üblich, dass ein neuer Gesprächspartner in der Runde vorgestellt wird. Dazu steht man auf, gibt zur Begrüßung die Hand und sagt: »Buongiorno, come sta?«**
   a) Der Gesprächspartner wir jetzt sagen, wie es ihm geht.
   b) Der Gesprächspartner antwortet mit »Buongiorno, come sta?«
   c) Sie beantworten höflich die Frage »Buongiorno, come sta?«
3. **Beim Geschäftsessen wird in Italien**
   a) zunächst über aktuelle Themen aus der Politik und über die Mafia gesprochen.
   b) zuerst über allgemeine Themen wie Familie, Essen, Wein und Fußball gesprochen.
   c) zunächst über das Geschäft gesprochen.

Arabisch-islamische Länder:

1. **In der arabisch-islamischen Welt begrüßt der Mann einen arabischen Mann**
   a) durch ein lockeres und langes Händeschütteln.
   b) mit einem kurzen festen Händedruck, wie er in Deutschland bekannt ist.
   c) niemals mit »Shake Hands«.
2. **Man kann als Mann auch der Frau die Hand hinhalten,**
   a) die diese dann höflich ergreifen muss.
   b) wobei diese entscheidet, ob sie die Hand ergreifen möchte oder nicht.
   c) es sei denn, man hat eine Pilgerfahrt nach Mekka gemacht.
3. **Was zieht man bei einem geschäftlichen Meeting als Mann an, wenn die Temperaturen bei 35 Grad liegen?**
   a) In der muslimisch-arabischen Welt orientiert sich der Dresscode an den Temperaturen.
   b) Für Herren ist auch bei Wüstentemperaturen ein Anzug mit Krawatte Pflicht.
   c) Das ist jedem selbst überlassen.
4. **Für Frauen empfiehlt sich folgende Kleidung:**
   a) Dezent, ohne Ausschnitt, wobei die Arme und die Beine bedeckt sein sollten.
   b) Jeans passen immer, weil sie die Beine völlig bedecken.
   c) Ein Hosenanzug kommt weniger gut an, weil er die typisch männliche Mode imitiert.
5. **Statussymbole haben in der arabischen Welt**
   a) keine Bedeutung.
   b) einen hohen Stellenwert.
   c) zwar eine gewisse Bedeutung, man sollte sie aber nicht »vorzeigen«.
6. **Für die Sitzordnung z. B. beim Essen gilt:**
   a) Es gibt keine Sitzordnung. Jeder sucht sich spontan seinen Platz aus.
   b) Der Gast sitzt immer rechts vom Gastgeber.
   c) Der männliche Gast gehört an die rechte Seite des Gastgebers.

7. **»Halal«**
   a) bedeutet so viel wie »rein«, »erlaubt«. Die entsprechenden Gebote umfassen Dinge und Handlungen, die aus islamischer Sicht zulässig und islam-konform sind.
   b) ist ein anderes Wort für »haram«.
   c) bezieht sich auch auf die Schlachtung (Schächtung) erlaubter Tiere. Das Fleisch geschächteter Tiere muss in Deutschland gekennzeichnet werden.
8. **Ramadan ist**
   a) der 9. Monat des islamischen Mondkalenders.
   b) ist ein islamischer Fastenmonat, der immer im Dezember stattfindet.
   c) ist ein Monat, an dem man nur essen darf, was nach islamischem Recht »halal« ist.

Lösungen !

1. a	2. b	3. a	4. b
5. a	6. b	7. a	8. a
9. a	10. b	11. b	12. a
13. b	14. a	15. c	16. b
17. b	18. b	19. b	20. b
21. c	22. b	23. b	24. b
25. a	26. c	27. c	28. a
29. b	30. c	31. a	32. b
33. c	34. a	35. c	36. b
37. b	38. a	39. b	40. b
41. a	42. b	43. b	44. a
45. a			

Als das englische Königspaar einmal Deutschland mit einem Besuch beehrte, wurde Prinz Philip mit dem Wort »Protokoll« konfrontiert. »Protokoll?«, soll er gefragt haben, »das Wort kennen wir gar nicht.« Als der Gesprächspartner dem Prinzen erklärt hatte, was darunter zu verstehen sei, soll dessen Antwort gelautet haben: »Ein Protokoll gibt es bei uns nicht. Alles, was wir haben, sind gute Manieren!«

»Gute Manieren« sind allerdings wertlos, wenn der formvollendete Auftritt ohne Einfühlungsvermögen absolviert wird. Prinz Philip beispielsweise wird von den Briten als »König der Fettnäpfchen« tituliert. Und da Menschen mit dunklerer Hautfarbe assoziativ für manche Zeitgenossen noch immer aus dem Busch stammen, erkundigte er sich auf einer Party bei einem Gast ganz höflich: »Und aus welchem exotischen Teil der Welt kommen Sie, mein Freund?« Der so Angesprochene erwiderte: »Aus Birmingham, Sir, der zweitgrößten Stadt Englands.«

15 Über Karriere und Karrieristen

»Aber hüte deine Seele vor dem Karrieremachen.« Theodor Storms Empfehlung wird freilich bestenfalls von jenen bejaht, denen der hierarchische Aufstieg verwehrt geblieben ist oder scheint. Wer es schafft, nach oben zu kommen, genießt nun einmal gesellschaftliches Ansehen und diverse materielle Annehmlichkeiten. Außerdem ist nicht von der Hand zu weisen, dass Macht eine gewisse erotische Ausstrahlung haben kann. Wer also mag da in seinem Betrieb verkünden: »Nein – ich habe kein Interesse an meiner Karriere!«?

Aber jede Organisation – vom Betrieb bis zum Staat – braucht Menschen, die es wissen und damit nach oben kommen wollen. Der Aufstiegswunsch ist ein entscheidender Motivationsmotor und wer ihn abzuwürgen versucht, gefährdet die Effizienz jedes organisierten Handelns.

Die Probleme liegen ganz woanders. Da ist zum einen der Karrierist, der aus guten Gründen wenig geschätzt wird. Wer seinen beruflichen Weg vorsätzlich als Abfolge von Beförderungen und Aneignung von Statussymbolen anlegt, wird scheitern und überdies für seine Organisation nicht sonderlich von Nutzen sein. Noch einmal der Unternehmer und Millionär Jürgen Heraeus: »Neulich erst hat mir ein Bewerber stolz erzählt, dass er die Lufthansa-Vielflieger-Karte besitzt und auch behalten möchte. Den habe ich gleich nach Hause geschickt. Der zweite kam, das sah ich zufällig, mit Chauffeur. Der brauchte gar nicht erst reinzukommen. Diese Insignien der Macht gibt es bei uns nicht. Und wer dafür kämpft, den wollen wir hier nicht haben.«

Die besten Leute sind nun einmal nicht die meist auch noch gefühlsarmen Ehrgeizlinge, sondern jene, die Kopf und Seele zeigen und ihr Selbstwertgefühl nicht ausschließlich über ihre Arbeit und ihren Status beziehen. Einen hohen Anspruch an sich und seine Arbeitsergebnisse zu haben ist etwas anderes, als unter dem Zwang zu leben, alle gnadenlos hinter sich lassen zu müssen. Der Begriff »Karriere« kommt übrigens aus dem Französischen und bedeutet so viel wie »schneller Lauf« oder »schnelles Vorwärtskommen«. Da kann man – um im Bild zu bleiben – auch mal über das Ziel hinausschießen.

1969 erschien in den USA ein Buch, das sich dem Thema Karriere aus einer ganz anderen Richtung näherte und bald weltweit Zustimmung fand. Mittlerweile sind fast 40 Jahre vergangen, aber noch heute steht der Name des Amerikaners Laurence J. Peter für ein Prinzip, das schon manchem Subalternen geholfen hat, seinen Chef in neuem Lichte zu sehen. Es lautet: In der Regel steigen Mitarbeiter in einer Hierarchie so lange auf, bis sie endlich eine Position erreichen, in der ihre Inkompetenz offensichtlich wird – und da bleiben sie dann.

Professor Peters Grundsatz ist zweifellos für jene nicht ohne Witz, die das betriebliche Geschehen überwiegend aus der Froschperspektive besichtigen und die sich schon immer fragen, warum ihr Chef eigentlich keine Ahnung von dem hat, was er da tagtäglich treibt.

Und wie unterscheidet sich der Karrierist, der am Ende an sich selbst scheitert, von jenen, die das Zeug haben, auch ganz oben einen guten Job zu machen? »Ich habe nie gefragt, was kann ich werden, ich habe immer gefragt, was kann ich tun?« So beschrieb der spätere Vorstand der Deutschen Bank Alfred Herrhausen jene Haltung, die einen soliden Aufstieg wahrscheinlich macht.

16 Kann man Führung überhaupt lernen?

Jede Managergeneration müsse das Geheimnis des Führens für sich neu entdecken, befand der britische Historiker und Soziologe Cyril Parkinson. Da ist insofern etwas dran, als dass sich die Umstände ändern – andererseits ist herzlich wenig dran, weil sich der Mensch prinzipiell in seinem Naturell nicht ändert. Insofern kann man Voltaire, einem der einflussreichsten Autoren der Aufklärung, durchaus zustimmen: »Plus ça change, plus c'est la même chose.«

Eitelkeit und Neid, Aggressivität und Missgunst, Zaghaftigkeit und Misstrauen, Egoismus und Pflichtvergessenheit – diese Eigenschaften sind so alt wie die Menschheit und sie lassen sich durch »Management by...« oder Agility-Business-Modelle nicht einfach aus der Welt schaffen. Wer in so etwas Komplexes wie den Prozess der Mitarbeiterführung eingreift, kommt mit einer gerade angesagten »totsicheren« Managementmethode nicht weit. Der Philosoph und Naturwissenschaftler Georg Christoph Lichtenberg lästerte einst über einen Zeitgenossen: »Er las immer Agamemnon statt angenommen, so sehr hatte er den Homer gelesen.« Die selbstverordnete Blickverengung durch Mainstream und Moden hat schon viel Unheil gestiftet. Man sieht nicht mehr, was man hätte sehen können und müssen.

»Sie verlieben sich in säuberliche Mittel, Methoden und Techniken und schätzen krankhaft gering, oder vergessen, was sie sich nicht mehr zutrauen (...).« Der Philosoph Max Horkheimer beklagte mit diesen Worten einst den Entartungsprozess bei den Wissenschaftlern seiner Zeit und warf ihnen vor, dass sie sich bei einer Uhr mehr für die Räder interessierten als für die Zeit, die sie misst.

Für José Ignacio López, einen spanischen Manager, der zunächst für Opel, später für General Motors und danach für die Volkswagen AG tätig war, ist der gesunde Menschenverstand die Schlüsselqualifikation unserer Zeit. Wenn man mit Herz und Verstand an eine Aufgabe heranginge, dann würde sie gut. Natürlich bedarf es der Sachkunde, aber wenn der Kopf voll und das Herz leer ist, wird nichts gut. Alles andere kann man lernen.

Stichwortverzeichnis

Der Autor

Claus Peter Müller-Thurau ist Diplom-Psychologe. Er arbeitete als Personalberater bei der schwedischen Beratungsfirma Mercury Urval GmbH, danach wurde er Leiter der Personalentwicklung im Axel Springer Verlag und später Geschäftsführer der Unternehmensberatung Selecteam GmbH. Müller-Thurau ist Dozent an der FOM Hochschule für Oekonomie und Management in Hamburg und der University of Applied Sciences in Wedel/Holstein. Zudem ist er für den Praxisteil eines Zertifizierungsprogramms »Human-Resource-Management« der Universität Hamburg verantwortlich.

Inklusive
Arbeits-
hilfen
online

Exklusiv für Buchkäufer!

Ihre Arbeitshilfen zum Download:

- **http://mybook.haufe.de/**
- **Buchcode:** WXM-5802

HAUFE.
Werden Sie uns weiterempfehlen?
www.haufe.de/feedback-buch
Teilnehmen und eReader gewinnen!
Feedback